DER WEISSE WOLF

MIT EINEM WOLFSRUDEL UNTERWEGS IN DER ARKTIS

L. DAVID MECH

VORWORT ERIK ZIMEN

Aus dem Amerikanischen
von Peter Knecht

Weltbild Verlag

Genehmigte Lizenzausgabe für
Weltbild Verlag GmbH, Augsburg 1995

Published by Voyageur Press

Umschlaggestaltung: Peter Engel, München
Herausgegeben von Monika Thaler
Produktion: VerlagsService Dr. Helmut Neuberger
& Karl Schaumann GmbH, Heimstetten
Satz: Filmsatz Schröter GmbH, München
Gesamtherstellung: Mateu Cromo Artes Graficas S.A.
Printed in Spain
ISBN 3-89350-997-6

Weil Wölfe manchmal Nester ausrauben, fliegen die Jaegervögel oft sturzflugartige Angriffe auf ihre Feinde.

INHALT

Mom lockt die Jungen, und sofort drängen sie sich um die Zitzen der Mutter.

DER WOLF AUF DEM NEUEN UND AUF DEM ALTEN KONTINENT

Es ist wie ein unwirklicher Traum, wie eine Illusion längst vergangener Epochen: Eine Insel mit karger Landschaft hoch oben im nördlichen Polarmeer, auf der noch Moschusochsen grasen und Wölfe jagen, als ob die Zeit stehen geblieben wäre. Nichts hat sich verändert, nichts gewandelt, seit auch hier Gletscher der letzten Eiszeit geschmolzen sind und wenigstens einige kurze Sommermonate lang die Tundra schneefrei liegt. Keine Menschen haben hier gelebt, keine Ölbohrer die Landschaft verschandelt. Es ist noch die wahre, die letzte Wildnis auf unserer Erde; so selbstverständlich unabhängig, so naiv vollkommen. Denn als Dave dort landet, dick und bunt bekleidet und fast lächerlich in seiner Abhängigkeit von Zivilisation und Technik, wie er mir sagte, reagieren die Tiere nur mit erstaunter Neugier; keine Angst vor diesem seltsamen Fremden, keine panische Flucht oder gar ein Angriff, um diesen wenigsten einmal, ein erstes und sicher auch ein letztes Mal, zu vertreiben. Wahrlich, ein letztes Refugium noch vom »Paradies« und deshalb so zerbrechlich.

Ich kann Daves Begeisterung verstehen, seine so viele Jahre dauernde Sehnsucht und dann seine Freude über die endlich gefundenen Wölfe und ihre unvermutet freundliche Reaktion, seine Begeisterung auch über die Landschaft, über das karge und doch so reiche Leben dort hoch oben auf Ellesmere Island, gerade einige tausend Kilometer vom Nordpol entfernt. Es ist wohl unser aller Sehnsucht nach dem noch vermeintlich Unverdorbenen, nach einem Leben vor unserer Zeit, frei von all den Problemen, die wir uns selbst schaffen. Es ist wie eine Flucht aus der Wirklichkeit, wenigstens für kurze Zeit. Denn leben dort oben können wir nicht. Es ist nicht die Kälte allein, die uns daran hindert, sondern die Einsamkeit des Paradieses. Letztendlich sind wir doch Kinder unserer sozialen Wirklichkeit, brauchen sie wie die Luft zum Atmen. Nur Träume haben darf man wohl manchmal von einem anderen Leben. Sie geben uns Kraft, die notwendige Wirklichkeit zu meistern. Dave hat solch einen Traum auch für uns wahr gemacht.

Träumen kann aber auch gefährlich sein, kann uns vergessen lassen, wie es um die Wirklichkeit steht. Der Wolf war einst das Säugetier mit der größten natürlichen Verbreitung. Von den Eismeerküsten und Tundren des hohen Nordens in Europa, Asien und Nordamerika lebte er in allen Lebensräumen bis in die Wüsten und sogar in die subtropischen Regionen des Südens: Im Flachland und im Gebirge, in der Steppe und im Wald, in der Wildnis und in unmittelbarer Nähe des Menschen. Zudem haben irgendwo am Rande des Eises Menschen den Wolf vor ca. 15 000 Jahren als erstes Haustier gezähmt. Zum Hund domestiziert erfuhr er schnell eine noch größere, weltweite Verbreitung; mit keinem anderen Tier, sondern nur noch mit dem Menschen selbst vergleichbar.

Doch so beliebt wie der gezähmte, so gehaßt wurde bald der wilde Wolf. Denn als die einstigen Jäger begannen, als Bauern und Hirten weitere Haustiere zu halten, wurde er zu ihrem größten Feind. Unzählig sind die uns überlieferten Geschichten von wütenden Rudeln, in denen Wölfe nicht nur Ziegen, Schafe und Rinder reißen, sondern auch einsame Weiler und ganze Dörfer überfallen und alles töten, was sich als Nahrung bietet, sogar Frauen und Kinder. Vor allem in Notzeiten kriegerischer Unruhen oder Seuchen während des Mittelalters, als die Männer fort und die zurückgebliebenen Frauen und Alten schlecht bewaffnet waren und die Kinder allein das Vieh hüten mußten, häuften sich die Berichte.

Was an diesen vielen Geschichten über wütende Wölfe wirklich wahr ist und was damals schon aus Angst fantasievoll übertrieben wurde, was im Laufe der Zeit sich als Märchen und Volkswissen verselbständigt hat und was einer kritischen geschichtlichen Überprüfung standhalten würde, wissen wir nicht. Sicher ist nur, daß der Wolf zumindest indirekt eine große Gefahr für die Menschen damaliger Zeiten war. Ein Überfall auf ihre wenigen Ziegen und Schafe, der Verlust der vielleicht einzigen Kuh, kam dem Ruin einer Bauernfamilie gleich, der nicht minder als ein direkter Angriff tödlich enden konnte.

Aus der Zeit Karls des Großen (747–814) wird erstmals von organisierten Wolfsjagden berichtet. Der Kaiser verpflichtete seine Ritter nicht nur zur Hatz auf die heidnischen Sachsen, sondern auch auf die sich gegen den immer mächtigeren Menschen wehrenden Wölfe. Er stellte sogar vollberufliche Wolfsjäger ein, die, hoch bezahlt, das Treiben des Unholdes in Schranken halten sollten. Doch wie immer, wenn Menschen in Gefahr geraten, ihre Privilegien dadurch zu verlieren, daß sie besonders tüchtig sind, erwiesen sich auch die Luparies, wie sie bald genannt wurden und fast ein Jahrtausend in vielen Ländern Europas im Dienste standen, als recht uneffektiv. Vielmehr galt gerade die wilde Jagd auf den Wolf hoch zu Roß als besondere Mutprobe für die kühnen Ritter. Entsprechend mußten die Luparies für steten Nachschub sorgen. Dadurch wiederum waren Konflikte mit den Bauern programmiert. Sie hatten zeitweilig nicht einmal das Recht, sich gegen die Angriffe der Wölfe auf ihr Vieh zur Wehr zu setzen, denn die adligen Herren wollten weiterhin ihrem Vergnügen nachreiten.

So blieb der Wolf fast flächendeckend verbreitet, ob mit oder ohne einzig auf ihn abgestellte Jäger. Es wurden sogar besonders große Hunde ausschließlich für die Wolfsjagd gezüchtet. Exemplare der berühmtesten dieser Rassen, der Irische Wolfshund, galt lange Zeit zwischen den Höflingen als besonders wertvolles Geschenk. Doch als mit Beginn der Neuzeit der Wolf zuerst auf den Britischen Inseln seltener wurde und dort ganz verschwand, kam auch sein schlimmster Hatzfeind aus der Mode, und die Rasse starb aus. Die Wolfhounds, die sich heute in den Vorgärten europäischer Villensiedlungen friedlich räkeln, haben mit ihren berühmten Vorfahren nichts gemein, allenfalls die Größe.

Es war nicht die Jagd, die den Wolf von den Britischen Inseln vertrieb. Vielmehr verlor er dort seine letzten Rückzugsgebiete, als im Mittelalter die starke Bevölkerungsentwicklung zur Rodung des Waldes führte und die letzten Moore und Sümpfe urbar gemacht wurden. Auf dem Kontinent hingegen konnte er sich bis ins letzte Jahrhundert hinein fast überall halten. Erst als die durch mehrere Revolutionen erzwungene Neuordnung der Jagd fast zur Ausrottung des Wildes führte, hatte der Wolf auch hier keine Reserven mehr, zumindest nördlich der Alpen nicht, wo das Vieh im Winter eingesperrt blieb. In rascher Folge verschwand er aus einer Gegend nach der anderen, von Nordskandinavien bis nach Südeuropa. Heute leben Wölfe nur noch in den großen Waldgebieten des Ostens und in unzugänglichen Bergregionen der meisten Mittelmeerländer. Eine jahrtausendelange Schlacht scheint gewonnen.

Und trotzdem, es gibt ihn immer noch, den Wolf, und das ist wundersam genug. Nicht die letzte Wildnis ist dabei seine typische Heimat, von der ja ohnehin nur Bruchstücke geblieben sind, sondern er lebt, zumindest bei uns in Europa, in der von Menschen genutzten Kulturlandschaft. In Nordamerika hat der Wolf nur dort überlebt, wo der Mensch keinen Alleinanspruch auf das Land erhebt, also praktisch nur im dünn besiedelten Norden. In Europa hingegen ist er geradezu zum Kulturnachfolger geworden. Ich erinnere mich noch gut, wie ungläubig Dave Mech uns anschaute, als wir ihm in den Abruzzen östlich Roms den typischen Lebensraum des Wolfes zeigten. Hier zwischen all den kleinen Dörfern, den Skipisten, den Touristikhotels im Gebirge, zwischen den Städten, den vielen Straßen, den Autobahnen, den Siedlungsräumen in den Tälern sollen Wölfe leben? Es weiden doch überall Rinder und Pferde frei, und die Herden der Schafe und Ziegen sind groß. Dabei gibt es keine Wildtiere mehr, die den

Wölfen als Beute dienen können. Wovon leben die Wölfe nur, und warum schießen die Bauern und die Hirten, vor allem aber die Jäger die Wölfe nicht einfach ab?

Für Dave war es unverständlich, daß die Wölfe hier nur gelegentlich Schafe reißen, die im Nebel von ihrer Herde abgekommen oder krank im Gebirge zurückgeblieben sind, manchmal auch Hunde und Katzen jagen, sich ansonsten aber von den häuslichen Abfällen der Menschen ernähren, von Spaghetti mit Tomatensauce und Kotelettknochen. Das entsprach nicht gerade seinem eher heroischen Bild vom Wolf nördlicher Wälder und Öden. Doch mit der Zeit gewann er immer mehr Achtung vor diesem letzten Überlebenden des langen Krieges. In Nordamerika war er andere Wölfe gewohnt. Um sie mit Radiosendern zu markieren, haben er und seine Mitarbeiter viele hundert Wölfe gefangen. Das war reine Routinearbeit, denn die Wölfe dort gehen in fast jede Falle. Nun war er zu uns nach Italien gekommen, um seine Methoden zu demonstrieren. Jetzt mußte er aber wochenlang auf den ersten Fang warten. »Unsere« Wölfe durchschauten jeden neuen Trick und brachten ihn und damit auch uns schier zur Verzweiflung. Während die Wölfe in Minnesota und anderswo in Nordamerika nur wenige Jahrhunderte Erfahrung mit ihrem größten Feind haben, dem aus Europa eingewanderten Siedler, lernten die europäischen über Jahrtausende, neben dem Menschen, von und gegen ihn zu leben. Umgekehrt aber haben auch die Menschen in den Abruzzen inzwischen akzeptiert, daß der Wolf ein Teil ihrer Umwelt ist, ein Teil ihres kulturellen Erbes. Ihr Bestand ist dort nicht mehr gefährdet.

Vielmehr breiten sich die Wölfe heute entlang des Apennin in nördlicher Richtung aus. In der Toskana, nicht weit von Florenz und Siena, ist schon eine kleine Population fest etabliert. Einige dringen bis südlich von Turin vor, und im letzten Sommer wurde sogar ein Wolf nahe der Grenze in den französischen Seealpen erlegt. Auch die nordjugoslawischen und die slowakischen Populationen breiten sich zur Zeit in nördlicher und westlicher Richtung aus. Damit ist nicht unwahrscheinlich, daß bald auch in weiteren Teilen der Alpen, ja sogar in den süddeutschen Grenz- und Mittelgebirgen, wieder Wölfe auftauchen werden. Rein ökologisch betrachtet sind ihre Lebensbedingungen dort besser als je zuvor. Die Wälder sind groß, die Zahl der Hirsche und Rehe beträchtlich, und die Waldweide von Haustieren – als verständlicher Grund für ihre Bekämpfung – spielt kaum noch eine Rolle.

Doch es sind nicht rationale Argumente, die auch bei uns die Zukunft des Wolfes entscheiden werden. Die uralte Angst vor dem wütenden Räuber, vor dem, der kleine Mädchen mit roter Kappe zuerst im Wald verführt und dann im Bett samt Großmutter vernascht, wird es dem Wolf schwer machen, sich wieder bei uns anzusiedeln.

Da helfen nur noch Träume und Aufklärung zugleich. Dave Mech hat in diesem Buch, wie kein anderer, unsere Fantasie über das Vergängliche, unseren Traum von einer intakten Natur, in der der Wolf eine herausragende Rolle spielt, geradezu beflügelt. Gleichzeitig aber hat er uns nüchtern und unsentimental auf die Ebene der Sachlichkeit zurückgeführt, die für unseren Umgang mit dem Wolf und der ganzen Natur so notwendig ist. Poesie und Wirklichkeit – gerade deshalb gefällt mir das Buch meines Freundes über die letzten noch naiven Wölfe weit dort oben in polarer Landschaft so gut.

Erik Zimen

EINFÜHRUNG

Im Mai vergangenen Jahres, als David Mech mich bat, eine Einführung zu diesem Buch über den Weißen Wolf zu schreiben, erinnerte er mich daran, daß im nächsten Monat ein »Berufsjubiläum« zu feiern wäre: Vor dreißig Jahren begann er seine Karriere als Wolfs-Zoologe. Und tatsächlich – es war Ende Juni 1958, als er und ich zusammen von West Lafayette in Indiana zu einer Konferenz mit Fachleuten vom Nationalpark Isle Royale aufbrachen.

Etwa zehn Jahre vorher waren einige Wölfe über das Eis aus Kanada auf die Insel im Oberen See hinübergewechselt und hatten sich dort, ganz im Norden des Staates Michigan, angesiedelt. Es ergab sich damit eine ideale Gelegenheit für ein Forschungsprojekt über diese Raubtiere.

Es sollte sich später, nach dreijähriger Forschungsarbeit über den Wolf und seine Beutetiere, zeigen, daß unsere Erwartungen im großen und ganzen berechtigt waren. Daves Projekt war das erste in einer Serie von Forschungsvorhaben, die heute, nach dreißig Jahren, noch nicht abgeschlossen sind. Seine Dissertation wurde in der zoologischen Schriftenreihe des Nationalparks veröffentlicht, es war bereits die zweite Arbeit, die zu diesem Thema dort erschien. Vorher, 1944, hatte Adolph Murie sein Buch *The Wolves of Mount McKinley* publiziert. Das Werk war damals für uns die wichtigste Informationsquelle auf unserem Gebiet der zoologischen Forschung. Es war klar, daß das Beuteverhalten des Wolfs in Alaska, wo Polarschaf und Karibu zu Hause sind, nicht immer vergleichbar sein würde mit dem auf der Isle Royale, wo er Elche jagt, aber Muries Arbeiten haben sich doch als überaus nützlich erwiesen.

Die Vertreter des Nationalparks, die zu der Konferenz kamen, waren zwar keine ausgesprochenen Spezialisten für Wölfe, aber es waren doch überaus kompetente und kooperative Menschen – wir hätten uns keine besseren Verhandlungspartner wünschen können. Man diskutierte einige Tage lang über das Projekt, dann konnten Dave und ich zu unserer ersten Forschungsreise aufbrechen.

Ich hatte Mech im Herbst vorher kennengelernt, als ich an der Cornell University einen Vortrag hielt. Ich erzählte den Kollegen, die sich mit Studien in freier Wildbahn befaßten, daß ich einen begabten Doktoranden suchte, der auch praktisch genug veranlagt wäre, um sich mit mir in den Wäldern der Isle Royale durchzuschlagen. Man empfahl mir einen jungen Mann, der diese Bedingungen erfüllte. L. David Mech (der Name wird lang ausgesprochen: »Meech«) war ein brillanter Student, der seinen Lebensunterhalt selbst verdiente. Er hatte drei Sommer lang Erfahrungen in freier Natur gesammelt, als er bei einem Bärenprojekt im Staat New York mitarbeitete. Man hatte dort Tiere lebend gefangen, um sie für ökologische Studien zu markieren. In den Winterferien trieb er sich auf Schneeschuhen in den Adirondacks herum und betrieb Pelztierfang.

Ich war überaus beeindruckt von diesem mageren, wißbegierigen jungen Mann. Er war Asket genug, um alle Unbequemlichkeiten des Lebens in der Wildnis auszuhalten, und war von fast fanatischer Neugier auf die komplexen Probleme unserer Wissenschaft erfüllt. Er griff sofort und mit Begeisterung zu, als ich ihm mein Angebot machte – ich bot ihm die Gelegenheit, Wölfe in wilder, wegloser Natur zu beobachten. Wir wurde sehr schnell über die Einzelheiten einig.

Die Leute von der Verwaltung des Naturparks taten alles, um uns bei dem Projekt zu helfen; sie machten unsere Arbeit erst möglich. Was die reine Feldforschung betrifft, so war Dave die ersten zwei Jahre lang weitgehend auf sich allein gestellt. In den Sommern bestand seine Arbeit hauptsächlich darin, Material über Elche und Biber zu sammeln, die wichtigsten Beutetiere des Wolfs. Sieben Wochen im Februar und März war eine Station auf der sonst unbewohnten Insel besetzt. In einem leichten Flugzeug mit Schneekufen konnte man die Wölfe von der Luft aus beobachten. Als Pilot gewann Dave Donald E. Murray, der sich als sehr wertvoller Mitarbeiter erwies. Er war zwanzig Winter hindurch unser Freund und sachverständiger Begleiter.

Durch eigene Erfahrung überzeugten sich Dave und Don davon, daß Wölfe einen Wissenschaftler, der sie beim Verzehren eines erbeuteten Elchs störte, nicht angriffen. Don half auch, so gut er konnte, seinem Passagier, Anfälle von Luftkrankheit zu überstehen, wenn ihr Flugzeug in engen Schleifen über dem Rudel kreiste, das seine Beute erlegte. Da die technische Ausrüstung damals leider recht primitiv war, mußte sich Dave manchmal aus der Kabine in den eisigen Luftstrom hinauslehnen, um Aufnahmen zu machen; einige dieser Bilder wurden in *National Geographic* veröffentlicht.

Gestärkt vom Leben unter diesen rauhen Bedingungen und mit seinem frisch erworbenen Doktortitel ging Dave 1962 nach Minnesota, dem einzigen Bundesstaat in den USA, wo es größere Bestände von Wölfen gibt. Er übernahm einige Lehrveranstaltungen an der Universität und wurde wissenschaftlicher Mitarbeiter einer Forschungsstelle, die sich mit dem Einsatz der Radiotechnik bei wildbiologischen Untersuchungen befaßte. Nach einem Jahr ging er dann als akademischer Lehrer und Forscher ans Macalaster College. In dieser Zeit arbeitete er an seinem Buch *The Wolf: Ecology and Behaviour of an Endangered Species*, das 1970 erschien. Für Dave und seine Familie waren das ziemlich entbehrungsreiche Jahre, aber er konnte doch auf eine bessere Zukunft hoffen.

Diese besseren Zeiten zeichneten sich 1969 ab, als die Naturschutzbehörde in Zusammenarbeit mit der Forstverwaltung und anderen staatlichen Stellen ein Forschungsprojekt ins Leben rief, das *Minnesota Wolf Research Program*. Mech wurde zum Leiter des Projekts berufen. Er hat dieses Amt noch heute inne, sein wissenschaftlicher Gesichtskreis, der neben dem Wolf auch die anderen Großtiere umfaßt, hat sich freilich seit jener Zeit gewaltig vergrößert, ebenso die Menge der Pflichten und Aufgaben, die an ihn herangetragen werden. Man erforscht jetzt, um nur ein Beispiel zu nennen, Wolfspopulationen in teilweise landwirtschaftlich genutzten Gebieten auch unter solchen Aspekten wie dem des ökonomischen Nutzens und Schadens – ein Spezialgebiet von Steven H. Fritts, der bei Dave Mech studiert hat. Fritts hat heute eine leitende Position im Bundesministerium inne, er ist für den Artenschutz zuständig und so direkter Vorgesetzter seines früheren Lehrers.

Das Forschungsprojekt von Minnesota wurde von zahlreichen öffentlichen und privaten Förderern tatkräftig unterstützt, und es konnten sehr fähige Wissenschaftler zur Mitarbeit gewonnen werden. Besonders hervorzuheben sind die unschätzbaren Beiträge des Physiologen und Biochemikers Ulysses S. Seal von der Veterans Administration und der University of Minnesota. Seal begleitete Dave auch nach Indien, wo sie Löwen beobachteten und die Naturschutzbehörde bei ihren Problemen mit Elefanten berieten.

1985 ergriff Dave zusammen mit anderen die Initiative für die Errichtung des *International Wolf Center* in Ely, das zur Verbreitung wissenschaftlicher Erkenntnisse über den Wolf beitragen soll. Man besitzt zwar noch kein geeignetes Gebäude, aber das Projekt macht Fortschritte. Als Beweis für das große Interesse bei Bürgern und staatlichen Stellen mag die Summe von 200 000 Dollar gelten, die der Staat dieses Jahr zum Gelingen des Unternehmens beigesteuert hat.

Daves höchst originelle Feldforschungen über die Wölfe der Arktis und dieses Buch, das von jener Arbeit berichtet, zeigen, was Begeisterung und Hingabe an eine Sache vermögen. Sie beweisen, daß er nicht zu Unrecht eine weltweit anerkannte Autorität auf seinem Fachgebiet ist. Ohne alle weiteren Beweise aber kann als sicher gelten, daß er der einzige lebende Mensch auf Erden ist, der sich seine Schnürsenkel von einem wilden Wolf lösen ließ.

Durward L. Allen
Purdue University
1. August 1988

EIN TRAUM WIRD WAHR

Es war der schönste Augenblick in meinem Leben. Etliche Hundert Meilen nördlich der Hudson Bay, tausend Meilen oder mehr von der nächsten Stadt entfernt, stand ich allein in der arktischen Landschaft – umgeben von Wölfen. Es war kein Zweifel möglich: Ich hatte die Höhle mit den Welpen entdeckt, sie war nur wenige Meter von mir entfernt. Das Suchen hatte sich gelohnt, all die Schinderei auf den endlosen Wanderungen, all das Überlegen, Hoffen und Träumen. Es hatte achtundzwanzig Jahre gedauert – jetzt hatte ich es endlich geschafft.

Es war nicht so, daß ich vorher noch nie eine Wolfshöhle gefunden hätte, aber die, die ich früher vom Flugzeug aus gesehen hatte, lagen alle in bewaldeten Gegenden, und das machte die Beobachtung fast unmöglich: Wenn man etwas sehen wollte, mußte man zu nahe herangehen, und die Wölfe verschwanden dann mitsamt ihren Welpen. Hier, in dieser kahlen Umgebung war das anders: Man hatte erstens einen völlig ungehinderten Blick auf die Höhle, und zweitens hatten die Tiere auch gar nicht die Möglichkeit, ihre Jungen wegzutragen und zu verstecken; es gab nur kümmerliche, niedrige Vegetation.

Der Dauerfrost macht den Boden so hart, daß die Tiere sich keinen Bau in einen Hügel graben können. Ich habe einmal im hohen Norden eine Wolfshöhle gesehen, die offenbar in mehrjähriger Arbeit in ein Steilufer gekratzt worden war, und sie reichte doch nicht tiefer als einen Meter in die Erde.

Dieser Bau hier war anders. Es war ein Hohlraum in einem Haufen von wunderschön orangebeigen Felsbrocken. Ein Romantiker hätte sich keine pittoreskere Szene ausdenken können. Ich habe nirgends sonst wieder derartige Felshöhlen wie hier in der Gegend gefunden.

Was ist denn nun so Großartiges dabei, wenn man ganz nahe an eine Wolfshöhle herankommt? Wie kommt ein Mensch dazu, ein solches Erlebnis als Gipfel allen Glücks zu empfinden? Erschien es mir nur deswegen als sensationell, weil mein bisheriges Leben sonst ganz außerordentlich langweilig war?

Keineswegs. Mein Leben bis dahin war eher das gewesen, was viele Leute »aufregend« oder gar »abenteuerlich« nennen würden: Ich hatte für wissenschaftliche Zwecke in den Adirondack Mountains Bären gefangen, hatte in Kenia Leoparden nachgespürt, in Tansania mit dem Narkosegewehr Löwen gejagt, hatte in Indien die Wanderungen von Elefanten, Tigern und etlichen anderen exotischen Arten erforscht, in der Tundra des Nordens Karibus photographiert, in der Sowjetunion Steinböcke gezählt und in allen möglichen Teilen dieser Welt viele andere Tiere in freier Wildbahn beobachtet.

Das waren aber bloße Nebenbeschäftigungen gewesen, befristete Aufträge, die meine eigentliche Berufsarbeit unterbrachen. Im Hauptberuf bin ich, und das seit dreißig Jahren, Wolfsforscher, und habe diese Raubtiere auf der Isle Royale, in Minnesota, Alaska, Italien, Portugal und anderswo beobachtet.

Und das war einer der Gründe dafür, daß dies für mich ein so bedeutender Augenblick war – mein Interesse an Wölfen ist eine Leidenschaft, eine Obsession. Ein zweiter Grund war, daß es vorher noch nie einem Menschen gelungen war, diese Tiere aus solcher Nähe zu beobachten. Wölfe sind sehr interessante Lebewesen, aber sie machen es dem Menschen nicht leicht, sie kennenzulernen. Sie sind die Vorfahren unserer Haushunde, leben aber völlig wild in Rudeln, die weite Gebiete fern der Zivilisation durchstreifen.

Links: Zwei ausgewachsene Wölfe des Rudels stehen in der Nähe der Höhle Wache.

Sie brauchen einen überaus großen Lebensraum, etwa zwischen zweihundertfünfzig und zweitausend Quadratkilometer (!) pro Rudel. Früher lebten sie überall auf der nördlichen Halbkugel, von der Breite von Mexico City oder Südindien bis zum Nordpol.

Nun sind aber die Wölfe Raubtiere und ernähren sich im wesentlichen von großen Säugetieren – Rotwild, Elch, Karibu, Bison, Bergziege, Bergschaf usw. –, und so kommt es bisweilen vor, daß sie auch Nutzvieh reißen. Aus diesem Grund hat der Mensch in allen dichter besiedelten Ländern den Wolf verdrängt. Die Art ist in Mexiko und in den USA – ausgenommen Minnesota und Alaska – fast ganz ausgerottet; in Montana, Wisconsin, Michigan, vielleicht auch Idaho, leben alles in allem noch etwa sechzig Exemplare.

Auch in Westeuropa – mit Ausnahme von Italien, Spanien und Portugal – gibt es keine Wölfe mehr. In Norwegen und Schweden hat man ein letztes Dutzend unter Naturschutz gestellt; nur in Finnland und in Osteuropa leben noch Wölfe in beachtlicher Zahl, ebenso in entlegenen Gebieten des Mittleren Ostens, der Sowjetunion, Chinas und Zentralasiens. Kanada, ein weitgehend unbewohntes und unerschlossenes Land, besitzt die größte Population von Wölfen.

Wölfe sind immer und überall gejagt worden und leben deswegen sehr scheu in menschenfernen Gebieten. Das macht die Beobachtung schwierig. In der Öffentlichkeit wird diese Tatsache oft verkannt – gewisse populäre Bücher und Filme haben bei vielen Menschen den irrtümlichen Eindruck erweckt, es sei ganz leicht, mit wildlebenden Wölfen Bekanntschaft zu machen. In Wirklichkeit handelt es sich bei vielen jener wunderschönen Photographien, die in Zeitschriften und Büchern veröffentlicht werden, um Bilder von Wölfen in Gefangenschaft oder von Tieren, die vom Menschen aufgezogen und nur zum Zweck des Photographierens kurz freigelassen wurden.

Da es also überaus schwierig ist, sich Wölfen zu nähern, konnte man ihr Verhalten normalerweise immer nur indirekt auf allerlei Umwegen studieren. Man verfolgte die Spuren im Schnee und zog daraus Schlüsse, man analysierte den Kot, um Genaueres über die Ernährung zu erfahren, man studierte die Überreste von Beutetieren, beobachtete die Rudel vom Flugzeug aus, man fing Tiere lebend, hängte ihnen einen Sender um und konnte dann ihre Bewegungen über Funk verfolgen, man experimentierte mit Wölfen in Gefangenschaft.

Eine Höhle zu finden und das Verhalten von Welpen und Elterntieren zu studieren – das hatte ich mir ein Leben lang gewünscht. Als Jugendlicher hatte ich einmal einen Wolfbau entdeckt und war fasziniert vom Anblick der Jungen gewesen. Ich hatte damals gehofft, ich könnte immer wieder herkommen, um das Leben um diese Höhle herum zu beobachten, aber schon am nächsten Tag hatte ein Bauer sie umgepflügt.

Mit Wölfen kam ich zum ersten Mal als Doktorand in Berührung, das war im Nationalpark auf der Isle Royale, einer etwa 450 qkm großen Insel im Norden des Oberen Michigansees. In den Jahren 1958 bis 1961 verbrachte ich dort drei Winter und beobachtete vom Flugzeug aus Wölfe bei der Elchjagd. In den Sommern sammelte ich Kotproben und suchte nach Höhlen. Kotproben fand ich genug, aber keine Wolfshöhlen.

Es glückte mir leider auf der Isle Royale nie. Sogar wenn ich eine gefunden hätte, so waren doch Wald und Buschwerk dort überall so dicht, daß es unmöglich gewesen wäre, die Tiere aus einiger Entfernung zu beobachten, und nahe hinzugehen wäre sinnlos, da die Wölfe, sobald sie Gefahr wittern, ihre Jungen sofort wegbringen und aus der Gegend verschwinden.

Später dann, als ich angefangen hatte, Wölfe in Minnesota zu studieren, hatte ich noch immer die Hoffnung, mein Wunsch könne doch irgendwann einmal in Erfüllung gehen, obwohl die Hindernisse hier genau dieselben waren wie auf der Isle Royale.

Eines Tages erzählte mir einer der Wildhüter von einer Höhle, die er gefunden hatte. Ich stellte mir vor, ich könnte irgendeine Art von Sichtschutz aufstellen und dahinter verborgen meine Beobachtungen machen. Im Frühling ließ ich mich im Flugzeug hinbringen und konnte von oben mehrere ausgewachsene Tiere und frisch gegrabene Erdlöcher in einer Lichtung nicht weit von einem kleinen See ausmachen.

Ich kam auf die Idee, ich könnte in einem Kanu über den See fahren und dann vielleicht im sumpfigen Gelände vor dem Wolfsbau meinen Sichtschutz aufbauen. Als ich einige Tage später meinen Plan ausführen wollte, merkte ich sofort beim

Der Weißwolf (Canis lupus arctos) *ist eine Unterart der Spezies Wolf* (Canis lupus) *und somit mit allen anderen Wolfsrassen nahe verwandt. Er unterscheidet sich von diesen durch die Farbe seines Fells, durch die weniger spitzen Ohren, die kürzere Schnauze und die etwas niedrigere Statur. In der Zoologie sind insgesamt vierundzwanzig Unterarten des nordamerikanischen Wolfs definiert, darunter z. B. der Östliche Timberwolf, der Nördliche Rocky-Mountain-Wolf und der Mexikanische Wolf. In Europa und Asien sind weitere acht Unterarten beheimatet. Alle diese Unterarten pflanzen sich auch über die Rassengrenzen hinweg frei fort.*

Zu Unklarheit über die verschiedenen Arten und Rassen trägt auch der übliche Sprachgebrauch bei. So bezeichnen etwa Laien jeden Wolf, der in einer bewaldeten Gegend lebt, ohne Rücksicht auf andere Merkmale als »Waldwolf« und jeden, der nördlich der Baumgrenze beheimatet ist, als »Tundrawolf«.

Weitere Verwirrung schafft der sogenannte Rotwolf (Canis rufus), *der im Südosten der USA lebt. Diese Tierart gilt in der Wissenschaft genauso wie der Kojote als eine von den Wölfen getrennte Spezies. Der Hund (ursprünglich ein gezähmter Wolf) erscheint ebenfalls im offiziellen Klassifizierungssystem als gesonderte Spezies,* Canis familiaris, *obwohl viele Wissenschaftler ihn heute als bloße Unterart der Spezies Wolf betrachten.*

Sowohl beim südamerikanischen Mähnenwolf (Chrysocyon brachyurus) *als auch beim Tasmanischen Wolf* (Thylacinus cyncocephalus) *führt der Name irre, es handelt sich nicht um echte Wölfe.*

Näherkommen, daß hier etwas nicht stimmte. Es stellte sich dann heraus, daß jemand den Bau ausgehoben und die Welpen mitgenommen hatte. Es war, wie ich später erfuhr, jener Wildhüter gewesen; er hatte die Welpen für 75 Dollar pro Stück verkauft – damals gab es noch kein Gesetz, das einen solchen Handel verboten hätte.

Beim Studium der Literatur stieß ich auf einen sehr interessanten Aufsatz über einen Ornithologen, der jungen Wölfen in einem Teil der Welt begegnet war, den ich überhaupt nicht kannte, im »Hohen Norden«, in der Arktis also.

Die Arktis ist das Gebiet nördlich des amerikanischen Kontinents. Der Polarkreis – etwa 67 Grad nördlicher Breite – geht quer durch den Norden von Alaska und die Yukon und Northwest Territories in Kanada. Nördlich von Alaska, etwa beim 70. oder 75. Breitengrad, beginnt der »Hohe Norden«. Eine Kette von Inseln im ewigen Eis erstreckt sich vom nördlichen Rand des Festlands zum Nordpol. Einige dieser Inseln liegen so weit im Norden, daß nicht einmal mehr Eskimos dort leben können.

Seit ich mich für Wölfe zu interessieren begann, war mir bekannt, daß diese Tiere im hohen Norden relativ wenig Scheu vor Menschen haben. Man vermutet, dies liege daran, daß dort die Jagd fast unbekannt ist. Im Polarkreis ist der Wildbestand überaus dünn, und die Lebensbedingungen sind extrem hart, so daß nicht einmal die Eskimos sich oft hierher wagen. Die am weitesten nördlich gelegene Siedlung dieser Menschen ist Grise Fjord im Süden von Ellesmere Island, etwa 76 Grad nördlicher Breite – und diese Niederlassung verdankt ihre Existenz der kanadischen Regierung, die sie gegründet und, sozusagen künstlich, mit Eskimos aus südlicher gelegenen Landstrichen bevölkert hat. Es ist dort fast fünf Monate im Jahr absolut dunkel.

Was immer der Grund dafür sein mag, sicher ist, daß die Wölfe der polaren Regionen auf den Menschen anders reagieren als anderswo. So konnte dort beispielsweise, auf Melville Island, der kanadische Karibu-Forscher Frank Miller auf allen Vieren kriechend einen Wolf zu sich herlocken und ihm einen Schokoladenriegel zu fressen geben. Einmal waren drei Paläontologen auf Ellesmere Island gerade mit ihren Arbeiten beschäftigt, als sie ein Rudel von sechs Wölfen bemerkten, die sich ihnen näherten. Plötzlich sprang der Leitwolf einen der Wissenschaftler an und riß ihm mit den Zähnen eine Schramme ins Gesicht; dann zog das Rudel weiter. Wölfe greifen sonst nie Menschen an, und auch diese Attacke war wohl nicht ernst gemeint. Offenbar waren die Wölfe nur neugierig.

Die spektakulärste Geschichte aber passierte 1955 jenem Ornithologen, Dr. David Parmelee, von dem in dem oben erwähnten Aufsatz die Rede war: Er hatte auf freiem Feld einen jungen Wolf gefangen und nahm ihn mit. Auf der Sculter trug er sein Gewehr, daran hing an Schnüren seine Jagdbeute, einige Vögel, die er für Untersuchungszwecke geschossen hatte. Plötzlich rief ihm sein Begleiter zu, er solle sich umsehen. »Unmittelbar hinter mir stand die große Wölfin, die Schnauze an den hin und her baumelnden Vögeln. Es ist kaum zu glauben, aber wir mußten immer wieder Schneebälle nach der Wölfin werfen, um sie uns vom Leib zu halten – wir hatten Angst um unsere Vögel.«

Ich war wirklich neidisch auf Parmelee und ebenso auf Murie und die Crislers. Aber ich war nun einmal in Minnesota, und damit mußte ich mich abfinden.

Mom auf einem Kontrollgang um die Höhle des Rudels.

Oben: Eisbären streifen an den Küsten der Inseln im Polarmeer entlang, wo sie Seehunde jagen.
Rechts: Wolfsspuren im Schlamm an einem Flußufer. Der vordere Abdruck ist breiter als der hintere.

Nikon

Ein männlicher Jährling antwortet auf das Heulen anderer Wölfe des Rudels.

AUFBRUCH IN DEN NORDEN

Im Jahr 1968 arbeitete ich in Minnesota an einem Forschungsprojekt der Naturschutzbehörde. Wir hängten Wölfen Peilsender um und konnten die Tiere dann über Funk verfolgen. Es war so relativ leicht, Höhlen zu orten und vom Flugzeug aus zu beobachten. Einmal konnte ich sogar Welpen sehen, die in der Nähe eines Baus spielten. Nach wie vor aber schien es unmöglich zu sein, sich einer solchen Höhle zu Fuß zu nähern oder gar einen Beobachtungsposten dort einzurichten. Einige Male machte ich den Versuch und kam dabei immerhin nahe genug, um sogar ein paar Sekunden lang die Jungen zu sehen, bevor sie blitzschnell in die Höhle schlüpften. Ich bereute es dann jedesmal nachher, weil ich fürchtete, das Rudel würde nun die Welpen fortbringen. Ich sah ein, daß ich mein Ziel nur in einer Gegend oberhalb der Baumgrenze erreichen konnte.

Ich sah meine Chance gekommen, als 1973 *National Geographic* bei mir anfragte, ob ich einen Artikel über Wölfe schreiben wolle. Die Zeitschrift erklärte sich bereit, eine Forschungsreise zu finanzieren, damit ich neue Erfahrungen in Gegenden, die ich noch nicht kannte, sammeln konnte. Ich entschied mich für Bathurst Inlet, wo es, wie ich wußte, Eskimos gab, die Wolfshöhlen kannten. Ich war fasziniert von der Idee, durch die Tundra zu ziehen, auf kahlen Buckeln zu sitzen und in endlos weiter Ödnis Wölfe und Karibus zu beobachten. Mein Photograph David Hiser und ich begegneten auch wirklich einigen durchziehenden Wölfen, und man zeigte uns Höhlen, die bis vor einigen Jahren bewohnt, nun aber verlassen waren. Die Tiere waren alle abgeschossen worden, und so wurde diesmal nichts aus meinem schönen Plan.

Mit der Zeit wuchs meine Nordland-Sehnsucht ständig. Ein kanadischer Zoologe hatte auf Bathurst Island eine Höhle beobachtet und darüber eine wissenschaftliche Arbeit veröffentlicht. Er hatte sich in ziemlich großem Abstand hinter einem Sichtschutz versteckt. Immerhin zeigte sein Versuch, daß es so möglich war. Ein anderer Wissenschaftler berichtete aus der Gegend, in der Parmelee damals jener unerschrockenen Wölfin begegnet war. Dieser Zoologe hat Wölfe beobachten können, und es war ihm gelungen, auch ihre Höhle zu finden. Allerdings hatte er dann ziemlich bald die Arbeit abbrechen müssen. Es zog mich unwiderstehlich dorthin.

Ich arbeitete immer noch im Rahmen des Wolfsprojekts von Minnesota, als ich den Auftrag erhielt, ein Forschungsprogramm für die Halbinsel Kenai in Alaska zu planen. Ich lernte im Verlauf dieser Arbeiten einen Studenten kennen, der damals gerade seine Magisterarbeit abschloß, eine Studie über Wölfe, die er in der Nähe einer Höhle ganz oben im Nordwesten von Alaska im dortigen Naturschutzgebiet beobachtet hatte. Er bat mich, ihn als Doktorand anzunehmen; seine Dissertation sollte wieder auf Beobachtungen an dieser Höhle basieren.

Ich fuhr zusammen mit dem Studenten hin, und es gelang uns tatsächlich, dort einige Tage lang dem Kommen und Gehen der Wölfe zuzusehen. Der Bau selbst lag in einem Dickicht, so daß aus größerer Entfernung nicht viel zu erkennen war. Sobald wir aber näher als etwa achthundert Meter herangingen, bemerkten wir, daß die Tiere unruhig wurden.

Einige Zeit nachdem ich wieder abgereist war, kam eines Tages ein fremder tollwutkranker Wolf zu dem Rudel und griff die Tiere an: Nach ein paar Wochen war das Rudel ausgerottet. So war auch diese Gelegenheit endgültig dahin.

In der Zeit danach ergab sich vorerst nichts

mehr, obwohl ich immer Augen und Ohren offenhielt, wenn von Wolfshöhlen die Rede war. Ich weiß selbst nicht recht, ob ich meinen alten Traum im Hinterkopf hatte, als eines Tages der Photograph Jim Brandenburg mir vorschlug, ich solle *National Geographic* anbieten, für die Zeitschrift einen Artikel über Ellesmere Island zu schreiben. Jim war als Photograph für die Steger-Schurke-Nordpolexpedition engagiert worden, und da die Reise auf Ellesmere beginnen sollte, dachte er, wenn er nun schon einmal da wäre, könnte er gleich die Gelegenheit benutzen, eine Photoserie über die Insel zu machen. Ich wußte schon seit langem, daß dort Wölfe lebten, die sich relativ gut mit den Menschen vertrugen. Wer weiß, vielleicht würde ich solchen Wölfen dort begegnen. In jedem Fall aber, so überlegte ich, wäre das eine schöne Gelegenheit, einen wenig bekannten Flekken auf dem Globus zu besuchen. Sobald ich den Auftrag von der Zeitschrift hatte, fuhr ich los.

Schon allein in die Nähe der Insel zu gelangen – und »Nähe« bezeichnet in dieser Weltgegend eine Entfernung von anderthalbtausend Kilometer –, war ein Abenteuer. Ich flog mit einem Linienflug von Montreal nach Devon Island. Das dauert normalerweise neun Stunden, es kann aber auch leicht ein achtzehnstündiger Flug daraus werden, wenn die einzige Landebahn dort wegen Nebel oder Schnee unbenutzbar ist; es bleibt einem dann nichts anderes übrig, als nach Montreal zurückzufliegen. Man flog mit einer Frachtmaschine, ein Teil des Innenraums war für Passagiere eingerichtet, eine farbige Mischung von Geologen, Eskimos, Touristen und Abenteurern, Meteorologen, Technikern und verschiedenen anderen Leuten, die dort im Norden arbeiteten. Auf späteren Flügen sah ich öfters eine ganz ungewöhnlich schöne Frau, die unter all den Männern seltsam wirkte. Es war Mitte April 1986, aber der Photograph und ich vergaßen sehr schnell den Frühling von Montreal. Immer mehr herrschte in den Wäldern unter uns winterliches Weiß vor, Tausende von zugefrorenen, schneebedeckten Seen blinkten aus der riesigen Fläche von Baumwipfeln hervor, später breiteten sich mehr und mehr kahle, felsige Landschaften aus, schneebedeckte Kämme und Hügel, kleine und immer kleinere Bäume in den Senken. Einige Flugstunden später wurde dann das Weiß noch intensiver, in dem Maß, in dem die Bäume seltener wurden. Immer weiter dehnte sich das Polarmeer unter uns aus. In langen Rissen im Eis blinkte Wasser von einem derart kalten Blau, wie ich es nie zuvor gesehen hatte.

Unter den Passagieren machte sich eine sonderbare Euphorie breit. Und es waren nicht nur abenteuerlustige Touristen, die da mit ihren Photoapparaten an die Fenster stürzten, um die einzigartige Schönheit des eisigen Nordens auf den Film zu bekommen. Sogar die alten Routiniers, die offensichtlich schon lange hier zu Hause waren – erkennbar an ihrer Spezialkleidung, die einige Erfahrung mit dem arktischen Klima verriet –, wurden unruhig. Es war ein großartiges Erlebnis: als ob alle diese Männer, die den Winter in der Zivilisation verbracht hatten, nun aus der Verbannung heimkehrten in ein besseres Land. Wer einmal in der Arktis gelebt hat, muß immer wiederkommen.

Das Ziel dieser Etappe war Resolute Bay, eine Eskimosiedlung mit etwa 150 Einwohnern. Zum Glück war die Landebahn benutzbar, sonst hätten wir zurück nach Montreal fliegen müssen. Das Flughafengebäude, in dem wir unser Gepäck abholten, war winzig. Wir quartierten uns im High Arctic International ein, einem sehr gemütlichen Hotel, das von Terry und Bezal Jesudasen geführt wird. Wir wollten sobald wie möglich mit einer gecharterten kleinen Propellermaschine weiter nach Norden an unser Ziel.

»Sobald wie möglich« hieß in diesem Fall: einige Tage später, und zwar mitten in der Nacht. Zwei Tage lang hatte ein Schneesturm getobt. Ich saß die ganze Zeit über wie auf Kohlen. Da waren wir nun endlich im Norden und konnten nichts anderes tun, als im Hotel zu sitzen. Immerhin benutzte ich die Gelegenheit dazu, auf kurzen Ausflügen die Wintertauglichkeit meiner Ausrüstung zu überprüfen.

Zuerst testete ich meine dickwollenen Holzfällerhosen aus Minnesota, die normalerweise für Temperaturen um 15 Grad minus gut sind. In der Arktis allerdings, so zeigte sich, waren sie übertrieben großzügig durchlüftet. Sie mögen sonst durchaus ihre Qualitäten haben, aber sie halten einfach den schneidenden Wind nicht ab. Hier bot mir Bezal eine Lösung in Form speziell konstruierter »Sturmhosen«, die ich mir für die Reise lieh. Gesichtsmaske und Schneebrille waren ein weiteres Problem. Ich hatte verschiedene Modelle da-

Die Masse des Gletschers bewegt sich langsam vorwärts. Er schiebt Geröll vor sich her.

An der Küste wird der Gletscher von den Wellen unterspült. Es brechen Eisberge ab, der Gletscher »kalbt«.

bei, die ich nun probierte. Ich fand keine Kombination, die besonders gut getaugt hätte, ich mußte mich für eine entscheiden, die am wenigsten mangelhaft war.

Mein Testgelände war ein Hügel hinter der Siedlung. Der Sturm blies mir derart stark entgegen, daß es einige Anstrengung kostete vorwärtszukommen. Als ich zum dritten Mal auf den Hügel stieg, verschwand die kleine Siedlung völlig in dem feinen, sausenden Schnee unter mir. Auf dem Rückweg hatte ich jedesmal ernstliche Schwierigkeiten, das Hotel zu finden. Man sah kaum zwanzig Meter weit, die Gebäude waren in dem Schneetreiben durch die vereisten Gläser der Schneebrille lediglich als schwache Schemen auszumachen.

Nachdem ich mich endlich nach etlichen Versuchen für eine halbwegs brauchbare Kombination von Kleidungsstücken entschieden hatte, kämpfte ich mich noch einmal den Hügel hinauf – bloß zur Übung, weil ich es einfach nicht aushielt, untätig herumzusitzen.

Am dritten Tag schließlich mitten in der Nacht erhielten wir die Nachricht, daß wir – um 3 Uhr morgens – aufbrechen konnten. Der Schneesturm tobte immer noch. In diesen Breiten ist es im Frühling noch dunkel um Mitternacht. Weiter nördlich, dort wo wir hinwollten, scheint die Sonne bereits im April Tag und Nacht.

Zum Flugplatz sollten wir mit zwei Motorschlitten mit je einem Schlitten als Anhänger fahren, die Straße war total zugeschneit. Diese Fahrt, etwa anderthalb Kilometer Weg, wurde wie eine regelrechte Expedition vorbereitet. Es war nicht allein unsere Ausrüstung zu transportieren, sondern man packte auch Schlafsäcke für Bezal und den anderen Fahrer ein, für den Fall, daß man sich verirrte oder eine Panne hatte. Wir luden unsere Sachen auf die Schlitten und brachen auf.

Ich klammerte mich mit aller Kraft an den Sitzlatten meines Schlittens fest. Bezal versuchte die Richtung mit Hilfe der Telegraphenstangen zu halten, die an der Nordseite der Straße standen. Da aber der Wind mit ziemlich großer Gewalt von Norden her blies, wurden wir immer weiter von der Straße weg nach Süden abgetrieben. Es ragten da in Abständen von etwa zwanzig Meter eiserne Stangen, die irgendeinem mir unbekannten Zweck dienen mochten, aus dem Schnee hervor. Manchmal steuerte das Gefährt halsbrecherisch nahe daran vorbei. Immer wenn Bezal versuchte, den Schlitten zurück zur Straße weiter nach Norden zu lenken, schlingerte mein Anhänger nach Süden. Mir wurde plötzlich klar, daß bei jedem dieser Manöver, wenn es der Zufall wollte, mein Schlitten gegen eine jener eisernen Stangen geschleudert werden konnte. Es gab nicht die geringste Möglichkeit, Bezal darauf aufmerksam zu machen, sie hätte ebensogut kilometerweit entfernt von mir sitzen können. Ich nahm jedenfalls meine Hand von der äußeren Sitzlatte weg, nur zur Vorsicht.

In diesem Augenblick passierte es auch schon: Der Schlitten krachte auf einen der Pfosten und schrammte daran vorbei, ich erhielt einen Schlag aufs Bein – glücklicherweise war ich in meiner dicken Polarkleidung gut gepolstert – und wurde in die Dunkelheit hinaus und in den tiefen Schnee geschleudert. Es war noch einmal gut abgegangen. Wenn ich die Sitzlatte eine Sekunde später losgelassen hätte, wäre mir die Hand zerschmettert worden.

Schließlich gelangten wir wohlbehalten zum Flugplatz, verstauten unser Gepäck und flogen los. Die eigentliche Startbahn war zugeweht, aber wir konnten quer über die Rollbahn abheben. Bei dem starken Wind hatte die zweimotorige Maschine keine Probleme mit dem Start.

Als ich einige Stunden später aufwachte – wir befanden uns über den Inseln im Polarmeer –, war alles weiß, oben, unten und vor uns. Der Pilot konnte aber offenbar doch so etwas wie eine Landebahn von oben ausmachen, er setzte jedenfalls zur Landung an. Und da tauchte sie auch wirklich wie herbeigezaubert aus dem Weiß der Umgebung auf, und wir konnten aufsetzen. Glücklich angekommen luden wir das Gepäck und unsere Motorschlitten aus, der Pilot tankte seine Maschine auf und flog weiter. Hier, in einem der wenigen ständig besetzten Außenposten in der Arktis, wollte ich mein Hauptquartier aufschlagen und die Gegend erforschen. Das ganze Land war öde und weiß, aber ich wußte, daß es viel zu sehen gab. Man mußte es nur finden.

Selbst im August liegen weite Gebiete im Polarkreis unter Eis und Schnee begraben.

WEISSE WÖLFE IM EWIGEN EIS

Ein großer Teil der Arktis ist von Gletschern und Eisfeldern bedeckt; im übrigen gibt es nur Berge, Hügel und weite Geröllflächen. Es weht fast immer ein ziemlich starker Wind, und vier bis fünf Monate im Jahr ist es ständig Nacht. Daß Pflanzen unter solchen Bedingungen nicht gerade prächtig gedeihen, wird niemanden wundern. An meinem Aufenthaltsort gab es keine Pflanzen, die höher als fünfzehn Zentimeter waren, ich hätte mehr als anderthalb tausend Kilometer weit nach Süden reisen müssen, um einen Baum zu sehen. Die Pflanzen, die hier wachsen, schmiegen sich eng an den Boden, und sie gedeihen nur an besonders begünstigten Stellen, in den Niederungen etwa und an feuchten Abhängen. Im April liegt noch alles unter winterlichem Schnee.

Nur sieben Arten von Landsäugetieren gelingt es, sich unter den wahrlich harten Bedingungen dieser Gegend durchzuschlagen. Da die Vegetation derart spärlich und neun Monate im Jahr von Schnee bedeckt ist, müssen die pflanzenfressenden Tiere – Lemming, Schneehase, Karibu und Moschusochse – dauernd umherwandern, um genügend Nahrung zu finden. Der erste Moschusochse, den ich sah, war schon am folgenden Tag nicht mehr aufzufinden, obwohl ich freie Sicht über viele Kilometer hinweg hatte. Aus den Spuren kann man sehr schön sehen, wie diese Tiere zu ihrer täglichen Ration von Gras und Weidenpflanzen kommen. Sie scharren auf weiten Flächen, auf denen wegen des dauernden Windes der Schnee nicht allzu hoch liegenbleibt, und legen so ihre Nahrung frei. Wo eine der zehn bis fünfzehn Tiere starken Herden durchgezogen ist, dort ist die Schneedecke abgeräumt, und die Vegetation läßt sich sehr schön studieren.

Wenn man von den Lemmingen absieht, so ist der Schneehase unter den Säugetieren des Polarkreises die zahlreichste Art. Die Tiere, die bis zu sechs Kilogramm schwer werden können, sehen aus wie große weiße Kaninchen und leben gesellig in Herden, die manchmal mehr als hundert Exemplare umfassen. Ähnlich wie Moschusochsen und Karibus leben die Hasen hauptsächlich von den Trieben niedriger Weidenpflanzen, die sie unter dem Schnee hervorscharren; bisweilen graben sie sogar die Wurzeln aus.

Im Juni und Juli werfen die Hasen bis zu sechs Junge, die während des Tages, wenn die Elterntiere auf Nahrungssuche unterwegs sind, über relativ lange Zeiträume hinweg alleingelassen und nur einmal pro Tag gesäugt werden. Die jungen Häschen sind braun-grau wie der felsige Untergrund ihrer Umgebung. Solange sie bewegungslos daliegen, sind sie nahezu unsichtbar.

Man sieht die Hasen oft hochaufgerichtet auf den Hinterläufen die Gegend beäugen, ein typisches Verhalten, das dem Überleben der Art im Polarkreis dient: Da die Tiere sich meist auf höhergelegenem Terrain aufhalten, ist jedes Individuum, das sich derart aufrichtet, gewissermaßen ein lebender Wachturm und kann die Gegend kilometerweit übersehen. Sobald sich etwas nähert, was wie ein Raubtier aussieht, ergreifen die Hasen die Flucht. Beim Rennen aber bieten sie einen ganz anderen Anblick als den, den wir von Hasen oder Kaninchen gewohnt sind. Es ist kein regelmäßig »galoppierendes« Dahinschießen, sondern vielmehr ein ganz eigentümliches Hüpfen in weiten Sätzen – der Hase springt, einem Känguruh ähnlich, auf den Hinterläufen dahin und benutzt nur gelegentlich auch die Vorderläufe.

Diese typische Gangart bietet sicher den Vorteil, daß der Hase bei seiner Flucht nach links und rechts sehen kann und so eine bessere Chance hat, sich auch vor Wölfen, die von der Seite her angrei-

Links: Die Wölfe trieben sich oft auf einem Eisberg herum.

Der Moschusochse ist ein zottiges, urtümlich anmutendes Wesen.

Das Peary-Karibu ist kleiner und zierlicher als das Waldkaribu, das 1500 km weiter südlich lebt.

fen, in acht zu nehmen. Davon abgesehen ist es wohl auch so, daß das Tier in dieser hüpfenden Gangart wesentlich schneller und wendiger ist als im »konventionellen« Hasengalopp. Die Schneehasen ergreifen auch vor einem Flugzeug die Flucht, aber interessanterweise springen sie dann niemals in jenem typischen Känguruh-Stil.

Die drei fleischfressenden Säugetierarten der Arktis – Hermelin, Polarfuchs und Polarwolf – leben ausschließlich von den Pflanzenfressern, und folglich sind die Raubtiere in noch viel kleineren Populationen vertreten als die Vegetarier. Man kann sich nun vielleicht annähernd die Schwierigkeiten vorstellen, die jemanden erwarten, der sich ganz speziell für eine jener drei Raubtierarten interessiert. Das Hauptproblem bestand für uns zuerst einmal darin, Wölfe zu finden.

Wir fanden keinen einzigen – statt dessen fanden sie uns. Als wir von einer unserer erfolglosen Touren heimkamen und gerade das kleine Gebäude des Außenposten betreten wollten, schaute ich mich zufälligerweise noch einmal um. Eine schneebedeckte Piste erstreckte sich etwa zwanzig Meter vor mir, sie lief links von mir einen Abhang hinab, und gleich dahinter erhob sich ein steiler Felskamm. Auf diesem Kamm standen sieben Wölfe! Ich traute meinen Augen nicht. Sie standen hier in unmittelbarer Nähe einer menschlichen Siedlung wie ein Rudel Hunde.

Wenn ich später an diese Szene zurückdachte, erschien sie mir nicht mehr so völlig ungewöhnlich. Es hatte an diesem Tag durchschnittlich 30 Grad Frost, es wehte ein starker Wind von extrem beißender Kälte – bis zu 40 Grad minus. Die Bewohner der Siedlung gingen deswegen fast nie während des Tages ins Freie, und wenn doch, dann hielten sie sich gewiß nicht lange dort auf. Nur ein Verrückter wie ich, der an seine Mission glaubte, konnte sich, total vermummt in dickster Spezialkleidung, hinauswagen. Die Gegend um die Siedlung herum war wilde Ödnis und fast das ganze Jahr über menschenleer. Vielleicht hatte der Geruch von Essen die Wölfe angelockt. Ich erfuhr, daß früher schon bisweilen Tiere den Abfall dieses Außenpostens durchsucht hatten – ähnliche Verhaltensweisen bei Wölfen, Bären, Füchsen und anderen Wildtieren beobachtet man ja auch in anderen Teilen der Welt.

Ich war natürlich außer mir vor Begeisterung. Ich hatte ein Jagdrevier direkt vor meiner Haustür. Wenn ich es richtig anstellte, so dachte ich, könnte ich diese Wölfe beobachten und photographieren. Es zeigte sich dann allerdings, daß ich so leicht, wie ich gehofft hatte, nicht zu meinem Ziel kommen sollte: Die Wölfe trabten den Hügel hinab, verschwanden hinter einigen Gebäuden aus meinem Sichtfeld und machten sich davon. Sie hatten nicht eigentlich Angst vor den Menschen, aber sie trauten ihnen nicht. Ich mußte mich noch eine Weile gedulden.

Dieses Rudel trieb sich oft auf einem Eisberg herum, der im Eis eines Fjords nicht weit vom Ufer festlag. Eines Nachts hatte ich einmal eine Tour zu diesem Eisberg unternommen. Es war bereits in der Jahreszeit, in der die Sonne Tag und Nacht am Himmel steht, am Anfang des arktischen Sommers. Ihre Strahlen wärmten zwar nicht, waren mir aber in dieser schneidenden Kälte doch ein gewisser Trost. Als ich um eine Ecke des gigantischen Eisblocks bog, sah ich die Wölfe, die von der anderen Seite her auf mich zusteuerten. Ich zog mich sofort zurück hinter den nächsten Vorsprung, um ihnen hier aufzulauern.

Die Wölfe freilich waren viel zu schlau und zu schnell für mich. Bevor ich noch mein Versteck erreicht hatte, waren sie schon weit draußen auf dem Fjord. Ich legte mich ganz flach auf den Bauch und versuchte, so laut ich nur konnte, ein helles, winselndes Heulen. Ich habe keine Ahnung, für welch ein sonderbares Tier – dick eingepackt in Polarkleidung, mit Gesichtsmaske und Schneebrille – sie mich hielten, aber sie wurden jedenfalls neugierig.

Die Wölfe, die hinten im Rudel liefen, gut hundert Meter von mir entfernt, wandten sich um und kamen vorsichtig näher, die langen Haare des weißen Fells vom Wind zerzaust. Ich versuchte noch ein paar Minuten lang einige andere Variationen meines Wolfsgeheuls, um die Tiere für mich zu interessieren, kroch auf dem Bauch umher, machte zuckende Bewegungen, rollte mich am Boden und robbte auf Händen und Füßen vorwärts. Ich merkte bald, daß ich am meisten Erfolg hatte, wenn ich flach liegenblieb und heulte.

Sogar das Leittier, das den übrigen hundert Meter voraus war, wandte sich nun und kam mit dem Rudel näher. Ich war früher schon einmal bis auf etwa fünfzig Meter an einen Wolf herangekom-

Ausgewachsene Schneehasen können ein Gewicht von sechs Kilogramm erreichen.

Junge Schneehasen heben sich in ihrem braunen Fell kaum vom Untergrund ab.

men, und das war für mich bereits eine kleine Sensation gewesen.

In der folgenden Zeit versuchten wir zu erreichen, daß das Rudel unsere Anwesenheit akzeptierte, die Tiere sollten sich an uns gewöhnen. Wir unternahmen also alles, um sie für uns zu interessieren und sie in ihrem Verhalten zu bestärken, wenn sie sich näherten. Wir probierten verschiedene Methoden aus, zu unserem Ziel zu kommen. Und tatsächlich merkten wir nach etlichen Tagen und Nächten angestrengter Arbeit, daß die Wölfe anfingen, uns zu akzeptieren. In dieser kahlen Gegend, wo die Tiere sich nicht verstecken konnten, und zu einer Jahreszeit, in der es dauernd hell war, hatten sie nur die Wahl, sich entweder mit unserer Anwesenheit abzufinden oder ständig auf der Flucht zu sein.

Gegen Ende unseres Aufenthalts hatten wir es so weit gebracht, daß die Wölfe fast gar keine Scheu mehr zeigten. Wir konnten sogar mit unseren Motorschlitten unmittelbar zum Rudel hinfahren: Man kann fast sagen, daß sie uns in ihr Rudel aufgenommen hatten! Es war jammerschade, daß wir abreisen mußten.

Mein einziger Trost war der Gedanke, daß ich in ein paar Monaten wiederkommen würde, sobald es mir gelänge, mich für einen längeren Aufenthalt hier freizumachen. Und ich versprach mir viel von dieser zweiten Expedition. Sie sollte in die Zeit fallen, in der die Wölfe Junge hatten, und wenn sie mich dann noch nicht vergessen hatten, so hoffte ich, hätte ich vielleicht endlich eine gute Chance, mir meinen alten Wunsch zu erfüllen: eine Wolfshöhle und die Aufzucht von Welpen zu beobachten. Ich stellte mir diese Höhle im Abhang eines Hügels vor. Ich würde mein Versteck auf dem Nachbarhügel einrichten und mit dem Fernglas das Familienleben der Wölfe ausspionieren. Ich konnte mir keine Urlaubsbeschäftigung denken, die mich mehr gereizt hätte.

Der Autor, vermummt in seine Spezialkleidung. Der schneidende Wind in den arktischen Regionen kann noch im April Minustemperaturen von 40 Grad erreichen.

Ein Bild von einer der ersten Begegnungen des Autors mit »seinen« Wölfen.

Vor dem eisigen Wind in der Arktis kneifen auch die Wölfe in ihrem dicken Fell nur mehr die Augen zu.

Nach einiger Zeit hatten sich die Wölfe sogar an den Motorschlitten gewöhnt.

Nach mehr als fünfundzwanzig Jahren vergeblichen Hoffens und Träumens genügte eine Woche gründlichen Suchens, und der Autor stand vor seinem Ziel: der Wolfshöhle.

AUF DER SUCHE NACH DER HÖHLE

Mir war klar, daß die Wahrscheinlichkeit gegen mich sprach. Zuerst einmal war es ja keineswegs ausgemacht, daß es überhaupt Junge geben würde. Normalerweise tragen die Wölfinnen jedes Jahr, aber es ist nicht sicher, ob diese Regel auch in der Arktis gilt - man weiß extrem wenig über diese Tiere. Wenn sie aber Junge hatten, so mußten die allgemeinen Bedingungen gut genug sein, daß der Wurf überleben konnte, und das ist auch in anderen Teilen der Welt keineswegs immer der Fall. Schließlich aber mußte ich auch noch das Glück haben, die Höhle, wenn es denn eine gab, zu finden. Ich wußte, daß Rudel in diesen Breiten nicht selten Reviere von fünfundvierzig Kilometer Durchmesser durchstreifen. Es ist keine leichte Aufgabe, ein so riesiges Gebiet abzusuchen.

Es gab auch im günstigsten Fall keine Garantie dafür, daß sich die Wölfe an mich erinnern würden. Und selbst wenn – wie weit würde diese Vertrautheit reichen? Würden sie mich auch in der Nähe ihrer Höhle dulden? Denn ein Wurf Welpen bedeutet ja ungeheuer viel für das Rudel, er ist die Nachkommenschaft eines ganzen Jahres – die Situation wäre also völlig anders als die im Winter, als die Wölfe kein besonders großes Risiko eingingen, wenn sie uns bei sich duldeten. Wenn sie sich von mir bedroht fühlten, so bestand die Gefahr, daß sie die Jungen fortbrächten. Es war sogar denkbar, daß sie die Welpen im Stich ließen oder töteten. Ich kenne zwar aus der wissenschaftlichen Literatur keinen Fall, wo eine solche Tragödie bei wildlebenden Tieren beobachtet worden wäre, aber bei Wölfen in Gefangenschaft ist Ähnliches durchaus schon vorgekommen. Ich wußte jedenfalls, daß ich sehr vorsichtig sein mußte.

Dies also waren meine Hoffnungen und Zweifel, als wir im April abreisten, und ähnlich dachte ich auch noch, als ich allein im Juli wiederkam. Dieses Mal hatte ich ein Zelt dabei, Schlafsack, Konserven und Campingkocher, und ich hatte auch ein dreirädriges Motorrad mitgebracht. In den Niederungen war der Schnee fast überall weggeschmolzen. Das Landschaftsbild hatte sich dadurch vollkommen verändert.

Als ich zum ersten Mal wieder einem Wolf begegnete, konnte ich mit großer Erleichterung feststellen, daß das Tier sich offenbar an mich erinnerte. Es zeigte so wenig Scheu wie das Rudel im Winter und ließ mich bis auf wenige Meter an sich herankommen. Meine Hoffnungen wuchsen beträchtlich.

Zuerst mußte ich die Höhle ausfindig machen, eine Aufgabe, die selbst für einen gestandenen und erfahrenen Wolfsforscher eine gewaltige Herausforderung darstellt. Mir war klar, daß der Bau an einem Hügel oder Abhang nicht weit von einem Wasserlauf zu suchen war. Ich nahm an, daß es sich um eine Art Erdloch oder natürlicher Grotte handeln mußte. Alle anderen Möglichkeiten, wie es sie in waldreichen Gebieten gibt – etwa hohle Baumstämme, Gruben unter dem Wurzelwerk umgestürzter Bäume, der verlassene Bau eines Bibers –, waren in dieser kargen Landschaft auszuschließen.

Ich wußte auch, daß im näheren Umkreis der Höhle relativ viele Fußspuren zusammenlaufen mußten. Die erwachsenen Tiere jagen in einiger Entfernung und kehren immer auf dem kürzesten Weg zum Bau zurück, um die Jungen zu füttern. Je näher ich meinem Ziel käme, desto häufiger müßte ich auf Spuren stoßen. Allerdings ist es nicht gerade leicht, auf dem harten Boden der Tundra solche Spuren zu finden.

Vor mir lag, so schien es, ein unendlich großes Gebiet mit Millionen von Buckeln und Kämmen, die abzusuchen waren. Ich konzentrierte mich auf

In den wärmeren Gegenden des Polarkreises wachsen im Sommer niedrige Pflanzen.

In den zwei Monaten des arktischen Sommers ist das ganze Meer mit bizarren Eisbergen übersät.

die weniger wilden Gegenden: sumpfige Ufer, die Täler von Wildbächen, ich fuhr alte Militärstraßen ab und die Trampelpfade von Moschusochsen. Ich ging durchaus planmäßig vor und hatte nicht die geringste Ahnung, wie sehr all meine Klugheit mich in die Irre führte.

Ich dachte mir noch eine andere Methode aus: Ich wollte mich auf irgendeiner Höhe, von der aus ich einen weiten Überblick hatte, niederlassen und versuchen, mit dem Fernglas weiße Flecken, die sich über die Tundra bewegten, auszumachen. Sobald ich dann feststellte, daß es sich nicht bloß um Hasen handelte, war klar, daß solche weiße Flekken in der Landschaft Wölfe sein mußten. Diese Wölfe, so nahm ich an, waren mit einiger Wahrscheinlichkeit entweder auf dem Weg zur Höhle oder kamen von dort. Wenn ich folglich eine Reihe solcher Beobachtungen zusammennähme, so müßte es möglich sein, daraus Schlüsse über die Lage der Höhle zu ziehen. Ich wollte dort beginnen, wo wir im April den Wölfen begegnet waren, und hoffte mich von dort bis zum Ziel weiterzuarbeiten.

Nach einigen Tagen angestrengter Beobachtung, deren Ergebnisse anfangs mehr oder weniger beliebig schienen, gelang mir ein erster Durchbruch. An einem langgestreckten Fjord führte eine alte Straße zu einem Flußdelta. Der Schnee war abgeschmolzen, das Schmelzwasser konnte durch das tiefergelegene, noch gefrorene Erdreich nicht absickern und staute sich, die Oberfläche war deswegen ziemlich feucht und weich. Diese schlammige alte Straße schien eine bevorzugte Rennbahn und »Hauptverkehrsstrecke« der Wölfe zu sein, das bewies eine Unzahl von Spuren in beide Richtungen. Zwar wußte ich nicht, an welchem Ende der Strecke ich suchen mußte, aber meine Entdeckung erlaubte mir doch, von nun an gezielt und planvoll vorzugehen. Die Wolfsstraße lief vor mir kilometerweit ins Blaue. Der Blick von hier über den Fjord war atemberaubend schön. Vor mir purpurne Matten von Saxifragien, die zwischen Geröll und Kies hervorragten, dahinter das tiefblaue Wasser, übersät mit kleinen Eisbergen.

Die Spuren führten zum Flußdelta. Die Tiere überquerten hier das sumpfige Mündungsgebiet und liefen dann hinaus über die Ebene, die sich vor dem Fjord erstreckte. Weit hinten sah man weiß gezackte Bergketten. Ich begann plötzlich zu zweifeln. Liefen vielleicht die Spuren nur deshalb auf der Straße zusammen, weil es sonst keine Möglichkeit gab, auf die andere Seite des Fjords zu kommen? Der Fjord war breit und das Wasser sehr kalt, so daß die Tiere sicher nicht hinüberschwimmen konnten. Vielleicht hatte ich Pech, und die Höhle war in einer ganz anderen Gegend.

Als ich mich genauer umschaute, begann ich wieder Hoffnung zu schöpfen. Am Rand der Ebene, anderthalb Kilometer vor mir und ungefähr in Richtung der Wolfsspuren, erhob sich ein sandiger Hügel. Er bot ziemlich genau die Bedingungen, die Wölfe verlangen, wenn sie eine Heimstatt für ihre Jungen suchen. Das Gelände lag hoch genug, so daß es keine Probleme mit der Staunässe geben konnte. Der sandige Untergrund erlaubte es den Tieren, eine tiefe Höhlung zu graben.

Ich mußte nun zuerst über den Fluß. Ich zog Stiefel und Strümpfe aus und krempelte die Hosenbeine hoch, dann watete ich in das eiskalte Wasser. Die beißende Kälte ließ meine Füße in kürzester Zeit gefühllos werden, aber die Aussicht auf eine Wolfshöhle ließ mich solche Unannehmlichkeiten leicht ertragen. In kurzen Pausen auf den trockenen Erhebungen zwischen den Wasserläufen konnte ich mich vom Kälteschock erholen. Als ich schließlich auf der anderen Seite des Deltas angekommen war, trocknete ich meine erstarrten Füße mit dem Hemd ab, zog meine Stiefel wieder an und machte mich mit freudiger Erwartung auf den Weg, immer der Fährte der Wölfe nach.

Es schien mir einerseits immer noch vieles dafür zu sprechen, daß die Spuren in Richtung des Hügels liefen, andererseits aber war nicht zu verkennen, daß die Fährte eine Tendenz zeigte, auszufächern und sich zu verzweigen – ich hatte eher das Gegenteil erwartet, nämlich zunehmende Konzentration. Als ich den Hügel hinaufstieg, sah ich zwar immer wieder hier und dort einzelne Abdrücke im Sand, aber es war keine deutliche Fährte mehr auszumachen. Trotzdem, dieser Hügel schien mir eine gründliche Suche wert zu sein, er entsprach genau dem, was ich mir vorgestellt hatte. Und außerdem war mir klar, daß es hier in der Nähe keinen anderen Platz gab, der geeignet wäre. Wenn ich die Höhle hier nicht finden konnte, so mußte ich in den Bergen, die mindestens fünfundzwanzig Kilometer weit weg lagen, zu suchen beginnen; denn die Wölfe würden ihre Höhle ganz sicher nicht in der tiefgelegenen Ebene zu Füßen des Hügels graben.

Im Grunde meines Herzens aber wußte ich bereits, daß sie hier nicht sein konnte. Ich suchte noch das letzte Stück des Hügels ab, fand aber keine deutlichen, eingetretenen Pfade oder andere Zeichen, die auf eine Höhle hindeuteten. Ich mußte in einer anderen Gegend neu beginnen.

Während ich hinabstieg zur Ebene und zu dem sumpfigen Flecken am Fjord, versuchte ich Beweise für meine neue Theorie zu finden. Wenn es richtig war, daß die »Rennstrecke« den Fjord entlang nur durch den Zwang der landschaftlichen Gegebenheiten zustandekam, weil es zwischen dem steilen Kamm und dem Meer eben nur diesen schmalen Durchgang gab, so war damit zu rechnen, daß am Ende des Nadelöhrs die Spuren fächerartig auf die Ebene hinaus liefen.

Genauso war es auch. Es war von hier ab keine gemeinsame Richtung oder auch nur eine Hauptrichtung festzustellen. Wenn es irgendwelche Hinweise dieser Art gegeben hätte, so hätte ich meine Suche in den Bergen fortgesetzt, die sich fern am Horizont zeigten. Nun aber beschloß ich, diese vage Möglichkeit erst einmal zu vergessen und die Gegenden am entgegengesetzten Ende der Wolfsstraße unter die Lupe zu nehmen.

Ich hatte schon mehrere Male an einer bestimmten Stelle Wölfe gesehen, die aber immer nach kurzer Zeit über eine Felskante in eine Klamm hinein verschwunden waren. Ich hatte natürlich diese ganze Gegend gründlich abgesucht, hatte aber keine Spur von den Tieren finden können. Vielleicht lag ja die Höhle ein Stück unterhalb. Wenn ich mich dort niederließ, wo die Wölfe aus meinem Blickfeld verschwunden waren, konnte ich vielleicht beobachten, wohin sie gingen.

Der große Wurf gelang mir eines Abends, als ein eher kurzbeiniges Tier mit grauem Rücken von rechts kommend an mir vorbei der Stelle zustrebte, an der die Wölfe früher immer verschwunden waren. Es blieb eine Weile stehen, so daß ich es durchs Fernglas genau studieren konnte. Ich sah ein Tier mit deutlich entwickelten Zitzen und hervortretendem Bauch. Es mußte sich also um ein Muttertier handeln, das zur Zeit Welpen säugte und das gerade auf dem Weg nach Hause war.

Ich war natürlich begeistert. Dies war der Beweis, daß es Junge und einen Wolfsbau gab! Ich hatte die ganze Zeit über fest daran geglaubt, aber es gab mir doch noch einmal gewaltigen Auftrieb, als ich nun meine Hoffnung so unwiderlegbar bestätigt fand.

»Mom«, so nannte ich die Wölfin später, war auf dem Weg zu ihren Jungen. Sie würde direkt, immer der Luftlinie nach, dorthin gehen, und ich mußte ihr nur folgen und käme zur Höhle! Aber das war natürlich reines Wunschdenken. Nicht einmal in flachem Gelände hätte ich einem Wolf folgen können. Diese Tiere schaffen bei normaler Gangart mehr als sieben Kilometer pro Stunde, und sie halten dieses Tempo sehr lange durch. Wenn sie aber zu irgendeinem bestimmten Ziel unterwegs sind, so laufen sie noch wesentlich schneller. Mom tauchte in die Klamm hinunter, stieg auf der anderen Seite wieder hinauf, dann über den Hügel, und sie würde wie ein Pfeil auf dem kürzesten Weg über Stock und Stein zu ihrem Ziel hinstreben, und ich hatte nicht die geringste Ahnung, wie weit entfernt dieses Ziel war.

Den Hügel, über den Mom meinem Blick entschwunden war, hatte ich bereits einmal gründlich durchsucht – die Höhle mußte also noch ein Stück weiter vorn sein. Den nächsten Tag verbrachte ich zum Teil damit, diese Gegend unter die Lupe zu nehmen, in den übrigen Stunden legte ich mich auf die Lauer und hielt nach Wölfen Ausschau. Ich überlegte auch, ob ich das Heulen der Tiere nachahmen und hören sollte, ob sie antworteten. Dieser Trick funktioniert meiner Erfahrung nach normalerweise recht gut, ich ließ es aber diesmal bleiben, weil ich um jeden Preis vermeiden wollte, daß das Rudel mich für einen fremden, möglicherweise gar feindlichen Eindringling hielt. Das hätte meinen Plan gefährden können.

Es zeigte sich bald, daß derartige Tricks auch gar nicht nötig waren. Ich saß auf meinem Motorrad oben auf einer Bergkuppe und suchte mit dem Glas die Höhen links von mir ab, als ich plötzlich etwa hundert Meter rechts von mir etwas Weißes blitzen sah. Dort, genau auf der Linie, die nach meiner Theorie direkt zur Höhle führte, liefen drei Wölfe. Ich war offensichtlich meinem Ziel nähergekommen. Ich zückte sofort wieder mein Fernglas, um zu sehen, ob Mom in dieser Gruppe war. Die Tiere hatten angehalten. Ich verfluchte mich dafür, daß ich mich nicht sofort flach auf die Erde geworfen hatte. Ich fürchtete die Wölfe scheu zu machen, schließlich war es das erste Mal, daß sie mich so weit entfernt von der Siedlung sahen. Möglicherweise reagierten sie mit Panik auf meine Anwesenheit, zumal ja die Höhle nicht allzu weit entfernt sein konnte.

Meine Sorgen waren unbegründet. Fast wie alte Freunde kamen sie zur Begrüßung herüber. Mom war nicht dabei. Einer der Wölfe wagte sich bis auf drei, vier Meter an mich heran, während die anderen sich ein Stück weiter abseits hielten. Ich beschloß, ihnen etwas zum Knabbern anzubieten. Der Wolf, der nahe bei mir stand, sprang zuerst erschrocken weg, als ich ihm das Futter hinwarf, dann aber kam er zurück, schnupperte ein bißchen und fraß es. Ich hatte mich gut eingeführt bei ihnen. Ich fand, daß ich sehr viel Glück gehabt hatte, und beschloß nun, mein Schicksal nicht herauszufordern. Deswegen blieb ich einige Minuten lang bewegungslos stehen, bis die Tiere das Interesse für mich verloren und abzogen. Sie machten sich wieder auf den Weg – zur Jagd, wie es schien. Ich wartete noch zehn Minuten, bis sie über eine Felskante aus meinem Blickfeld verschwunden waren; ich wollte nicht, daß sie mich bei meiner Suche nach der Höhle beobachteten.

Ich ging zu der Stelle, wo die Wölfe aufgetaucht waren. Es war mir klar, daß ich sehr behutsam und überlegt vorgehen mußte. Die Höhle konnte nicht mehr weit von hier sein, und ich wollte die Tiere nicht verschrecken. Von dem Hügel, auf dem ich die Gruppe zuerst gesehen hatte, stieg ich abwärts und hielt Ausschau nach Spuren, die mir den Weg weisen konnten. Das war nicht ganz einfach, da auf dem dürren Untergrund der buckligen Gegend eine Fährte kaum zu erkennen war.

Nun wußte ich aber, daß Wölfe normalerweise geradeaus auf dem kürzesten Weg gehen, ziemlich genau der Luftlinie nach. Mit Hilfe dieser Überlegung gelang es mir tatsächlich, ihren Weg zu verfolgen, vereinzelte Fußabdrücke, die ich an feuchteren Stellen hin und wieder fand, bestätigten meine Annahme. Die Fährte lief hinunter zu einem kleinen Tal, wo die Tiere einen schmalen Bach überquert hatten, dann auf der anderen Seite hinauf zu einem Kamm. Langsam und vorsichtig bewegte ich mich vorwärts und beobachtete voller Spannung die Umgebung. Die Höhle mußte nun ganz nahe sein.

Ich kletterte eine felsige Erhebung hinauf – da sah ich es: Dort lagen Knochen von Moschusochsen. Mir war in diesem Augenblick klar, daß ich fast unmittelbar vor der Wolfshöhle stehen mußte. In dem felsigen Kamm gab es eine ganze Reihe von Löchern und Grotten, es führten überall ausgetretene Pfade hinein und heraus. Aber die Eingangslöcher waren zu klein für ausgewachsene Wölfe. Ich bewegte mich sehr langsam um einen Felsen herum, das Herz schlug mir bis zum Hals. Ich rechnete jeden Moment damit, daß vor mir, erschreckt von meinem Eindringen, eines der Elterntiere zwischen den Steinen herausschießen könnte.

Dann fand ich endlich, was ich gesucht hatte: eine Höhlung unter dem Felsen, von der ein Gang sanft abwärts in die Erde führte. Kot von Welpen lag vor dem Eingang, und es waren in seinem Umkreis Knochensplitter verstreut. Ich kletterte auf eine Anhöhe, gut dreißig Meter entfernt, und duckte mich dort hinter die Felsen. Ich war enttäuscht, weil ich keine Wölfe sah. Ich hatte erwartet, daß der Rest des Rudels, oder wenigstens Mom, bei den Jungen bliebe. Aber vielleicht war sie ja im Inneren der Höhle. Einerseits war ich sehr froh darüber, daß ich keines der Tiere aufgeschreckt hatte, andererseits aber machte mich das auch wieder unruhig, weil ich nun keinen sicheren Beweis dafür hatte, daß die Höhle bewohnt war.

Hinter dem Felsen auf der Lauer liegend versuchte ich nun ein wimmerndes Heulen, um Mom oder die Welpen hervorzulocken. Ohne Erfolg. Ich versuchte es noch einmal, aber es war keine Reaktion zu bemerken. Ich wartete einige Minuten. Irgend etwas war offenbar schiefgelaufen. Ich wagte nun ein lautes Heulen. Jetzt mußte einfach einer der Wölfe herauskommen! Ich wiederholte mein Heulen noch einige Male und wartete gespannt. Nichts rührte sich. Vielleicht waren die Welpen noch sehr klein und gingen nur selten ins Freie. Vielleicht war Mom nicht zu Hause.

Es blieb mir nichts anderes übrig, als die Beobachtung abzubrechen und das Beste zu hoffen. Es war schon fast Mitternacht. Ich beschloß, am nächsten Tag wiederzukommen und mich auf einem Hügel zweihundert Meter entfernt niederzulassen. Von dort konnte ich die Höhle beobachten, und ich hatte auch einen weiten Blick auf die Strecke, die die Wölfe normalerweise zu benutzen schienen.

TRIUMPH

Es war 10 Uhr vormittags, als ich beim Hügel ankam. Es war ein kalter, windiger Tag mit Schnee- und Regenschauern. Obwohl ich dick in meine Polarkleidung eingepackt war, mußte ich doch von Zeit zu Zeit aufstehen und mir Bewegung machen, um warmzuwerden. Aber ich hielt durch. Den ganzen Tag lang blieb ich auf meinem Posten und beobachtete die Gegend mit dem Fernglas. Ich hatte Jahre gebraucht, eine Höhle wie diese hier zu finden, und konnte nun, da ich meinem Ziel so nahe war, gut noch ein paar Stunden des Wartens aushalten.

Endlich, um 8 Uhr abends, wurde meine Geduld belohnt: In etwa anderthalb Kilometer Entfernung zeigte sich ein weißer Fleck in der Landschaft, der sich in Richtung auf die Höhle bewegte. Diesmal war es kein Hase, es war ein Wolf! Das Tier war bald deutlich im Glas zu erkennen, in sehr kurzer Zeit war es bis auf wenige Hundert Meter an die Höhle herangekommen. In diesem Abstand blieb es vorerst.

Statt auf dem kürzesten Weg nach Westen den Hügel hinauf zur Höhle zu gehen, blieb der Wolf am Grund der von Norden nach Süden verlaufenden Senke und lief geradeaus weiter in nördlicher Richtung. Ich kam ins Zweifeln. Vielleicht hatte ich mich getäuscht? Vielleicht waren die Welpen hier geboren worden, und die Wölfe hatten sich inzwischen einen neuen Bau gesucht – das ist bei diesen Tieren nicht ungewöhnlich. Wie auch immer, dieser Wolf hier würde mich zu den Jungen führen. Sie mußten irgendwo in der Nähe sein!

Der Wolf verschwand aus meinem Gesichtsfeld. Ich rannte den Hügel hinab und stieg auf den gegenüberliegenden Kamm. Aber von hier aus konnte ich das Tier nicht finden. Ich rannte hinunter über die Buckel und wieder hinauf zu meinem Motorrad. Ich mußte einen Umweg machen, weil der Weg, den ich zu Fuß gegangen war, mit dem Fahrzeug nicht zu schaffen war, aber schließlich gelangte ich doch auf den nächsten Kamm. Ich fuhr noch einige Hundert Meter weiter nach Norden und hielt dabei immer wieder an, um die Gegend mit dem Glas abzusuchen.

Dann sah ich sie. Es waren drei, gut zweihundert Meter vor mir: Mein Wolf hatte zwei andere getroffen, sie berochen und begrüßten einander schweifwedelnd. Ich hatte es gewußt! Es war ein großartiges Gefühl. Es war jetzt klar, daß die Höhle ganz in der Nähe sein mußte.

Einer der Wölfe sah zu mir her. Er kam näher, die beiden anderen gingen hinter den Felsen oben auf dem Kamm in Deckung. Der Wolf war am Rücken und an den Seiten grau; es muß eines der weiblichen ausgewachsenen Tiere gewesen sein oder vielleicht jener Jährling, dem ich später den Namen »Scruffy« gab. Er umkreiste mich in sieben bis acht Meter Entfernung und schien sehr neugierig, aber keinesweg ängstlich zu sein. Ich warf ihm ein bißchen Futter hin, und er nahm es. Das Tier hatte offenbar nichts gegen mich, obwohl ich in unmittelbarer Nähe der Höhle sein mußte! Ich beschloß, mich ruhig zu verhalten, bis mein neuer Freund genug von meiner Gesellschaft hätte. Dann wollte ich beobachten, wohin er ginge. Wenn er in die Richtung ginge, in der die beiden anderen verschwunden waren, und nicht nach fünf Minuten wieder auftauchte, so würde ich daraus schließen, daß die Höhle in der Gegend liegen müsse, die ich nicht übersehen konnte, hinter dem steilen Abhang meines Hügels also.

Die fünf Minuten waren um, und der Wolf hatte sich nirgends mehr gezeigt. Ich stieg von meinem Motorrad und machte mich pochenden Herzens auf den Weg über die Felskante, wobei ich mich immer wieder selbst zu äußerster Aufmerksamkeit

Links: Übereinandergetürmte Felsbrocken bilden in der Tundra ideale Spielplätze für Wolfswelpen.

und Vorsicht ermahnte. Diesmal mußte es einfach gelingen! Ich bewegte mich an dem Felsenausläufer entlang vorwärts. Ich konnte jetzt sehen, daß das vordere Ende des Ausläufers wie eine mächtige Felsklippe über den sanft hinablaufenden Hügel hinausragte. Zahlreiche Spalten und Risse klafften in der steinernen Masse dieser Klippe. Ganz vorn über dem Abhang lag ein mächtiger, verwitterter Monolith, beigefarbener Sandstein, überall durchzogen mit dem blitzenden Geäder eines helleren Gesteins. Zu Füßen des Felsblocks sah man im Schatten Löcher und Grotten; sie führten offensichtlich zu einem wahren Labyrinth von Gängen und Höhlungen. Nach vorn aber konnte man von dort die ganze Landschaft kilometerweit frei übersehen. Man kann sich keinen besseren Platz für eine Wolfshöhle ausdenken!

Plötzlich bog von der anderen Seite des Ausläufers her ein großer, ganz weißer Wolf um die Ecke und lief in meine Richtung. Ein jüngeres, graues Tier, das unter dem Felsen gelegen hatte, wachte auf, bellte ein paarmal und kam ebenfalls herangestürzt. Nach wenigen Augenblicken war ich auf allen Seiten von Wölfen umgeben, die neugierig, mißtrauisch und aufgeregt herumliefen. Ich brauchte jetzt keine weiteren Beweise mehr – ich hatte meine Höhle endlich gefunden.

Aber wie sollte ich mich nun verhalten? Ich mußte es irgendwie schaffen, das Rudel in dieser völlig ungewohnten und bedrohlichen Situation zu beruhigen und an mich zu gewöhnen. Hier eröffnete sich die Chance, Beobachtungen aus allernächster Nähe zu machen, wie sie noch nie einem Menschen gelungen waren. Ich durfte die Sache auf keinen Fall verpatzen. Es war klar, daß ich nur dann erfolgreich sein würde, wenn ich mich jetzt extrem zurückhaltend und bedachtsam verhielt. Ich mußte sehr genau aufpassen, nur ja nicht meine Grenzen zu überschreiten. Die Wölfe würden sonst in Zukunft immer, sobald ich mich nur näherte, ihre Jungen in Sicherheit bringen, und sie würden ihre Scheu möglicherweise sogar auf die Welpen übertragen.

Ich beschloß den Rückzug anzutreten und mir in aller Ruhe die weiteren Schritte zu überlegen. Ein großes, blendend weißes Tier mit dichtem Fell – später wurde mir klar, daß es sich um den Leitwolf, das männliche »Alpha-Tier«, wie die Verhaltensforscher sagen, handelte – lief mit gesträubtem Nackenfell um mich herum und bellte unfreundlich, als ob er mich in meinem Beschluß bestärken wollte. Da ich nun einmal bereits das Rudel aufgeschreckt hatte, blieb mir nichts anderes übrig, als den Schaden in möglichst engen Grenzen zu halten und zu hoffen, daß ich noch nicht zu viel verdorben hatte. Als ich eilig den Hügel hinaufkletterte, umschwärmten mich die Wölfe noch weiter in einem Abstand von nicht einmal zwanzig Meter. Ich war selig!

Am nächsten Tag näherte ich mich der Höhle aus der entgegengesetzten Richtung. Zum Glück hatte ich meine dicke Winterkleidung angezogen. Der eisige Wind, der fast unausgesetzt in dieser Gegend den Wanderer begleitet, erinnerte mich daran, daß es erst vor zwei Tagen einen kleineren Schneesturm gegeben hatte. In Mulden und an schattigen Stellen lag noch Schnee. Ich suchte mir einen Weg zur Kuppe eines Hügels hinauf, der etwa zweihundert Meter der Höhle gegenüber lag. Oben legte ich mich flach auf den Boden und legte den Rest der Strecke kriechend zurück, wobei ich die Schaumgummimatte, die mir als Unterlage dienen sollte, nachzog. Meine Nerven waren zum Zerreißen gespannt, als ich endlich den Grat erreichte und hinübersehen konnte.

Eins, zwei, drei, vier, fünf, sechs beige-braune Fellknäuel zählte ich, und auch alle sieben erwachsenen Tiere waren da; sie lagen weiß auf den dunkelgrün überwachsenen Buckeln östlich des Höhlenfelsens. Die Wölfe waren noch da! Sie waren von meinem jetzigen Standpunkt aus gut sichtbar, und das bedeutete: Selbst wenn sie mich in unmittelbarer Nähe der Höhle nicht duldeten, so blieb mir doch immer noch die Möglichkeit, sie von hier aus zu beobachten. Die Wölfe waren gerade in ihre Lieblingsbeschäftigung vertieft: sie schliefen. Nach ungefähr einer Stunde wachten sie auf, und mit einem Mal waren sie alle dreizehn quicklebendig. Sie rannten herum und jagten einander spielerisch mit wedelnden Schwänzen. Für mich war es ein großartiges Schauspiel!

Nach einer Weile lief das ganze Rudel hinunter zu einem kleinen Wasserlauf direkt unterhalb der Klippe, um zu trinken. Sie waren nun etwa fünzig Meter näher bei mir. Die Welpen waren von einem hellen Graubraun, das Fell noch recht flaumig. Ihre Schwänze waren noch sehr dünn, die Ohren bereits relativ weit entwickelt, die Schnauze noch

Ein Wolfsjunges schläft zu Füßen des Findlingsblocks, hinter dem die Höhle liegt.

Die Wölfe nähern sich dem Autor – er ist ein alter Bekannter.

kindlich kurz und rund. Das Gewicht der kleinen Flaumbälle schätzte ich zwischen fünf und zehn Pfund, sie waren an die fünf Wochen alt und schienen mir recht kräftig zu sein. Nach einer halben Stunde liefen sechs der erwachsenen Tiere fort. Sie verschwanden in einer Senke nur hundert Meter westlich von mir aus meinem Blickfeld.

Ich blieb auf meiner Matte liegen und beobachtete die Welpen, während das Tier, das zurückgeblieben war, die Gegend zu Füßen des Felsens beschnupperte. Ich sah an den hervortretenden Zitzen des Tiers, daß es die Mutter der Jungen sein mußte, der ich bereits einmal begegnet war. Sie hatte offenbar beschlossen, mit ihren Jungen einen Spaziergang zu unternehmen, und zwar ungefähr in die Richtung, die die anderen Wölfe eingeschlagen hatten, nur ein bißchen weiter nach Osten – sie kamen direkt auf mich zu! Es war unmöglich, rechtzeitig zu verschwinden, ohne daß sie mich sahen. Ich konnte nur liegenbleiben und mich ganz still halten. Die kleine Karawane hatte sich bis auf dreißig Meter genähert, als plötzlich die Wölfin Zeichen höchster Aufregung von sich gab. Sie war alarmiert. Und da bemerkte ich, daß zwanzig Meter hinter mir der Rest des Rudels stand.

Ich war in einer peinlichen Situation. Sie hatten mich überlistet: Ich saß in der Falle und konnte nicht heraus. Ich blieb also liegen, ohne mich zu rühren, während die Wölfin mit ihren Jungen den Hügel hinablief. Da riß mir plötzlich ein Windstoß meine Pelzmütze vom Kopf und trieb sie ein Stück weit dahin. Der Wolf mit dem struppigen Fell, der sich am Tag zuvor so nahe zu mir her gewagt hatte, schnappte sich die Mütze und trottete davon, ihm folgten die anderen Wölfe.

Als ich wieder nach der Wölfin schaute, sah ich, daß sie die Welpen nicht, wie ich erwartet hatte, zur Höhle in Sicherheit gebracht hatte. Vielmehr führte sie die kleine Herde quer über den Hang unterhalb der Höhle in östlicher Richtung. Das schien mir ein schlechtes Zeichen, und ich fürchtete ernstlich, ich hätte alles verdorben. Das einzige, was ich nun tun konnte, war, mich schleunigst zurückzuziehen. Ich stand auf, raffte meine Sachen zusammen und ging.

Auch diesmal begleiteten die Wölfe meinen Rückzug. Das Interesse für meine Mütze schienen sie verloren zu haben. Nur eines der Tiere kümmerte sich nicht um mich, sondern lief Mom und den Jungen nach. Als ich so entmutigt abzog und einmal den Kopf wandte, sah ich, daß die beiden Tiere jetzt die Jungen wieder in weitem Bogen in Richtung der Höhle eskortierten. War vielleicht der Wolf nur deswegen dem Muttertier nachgelaufen, um es zurückzuholen, weil er der Meinung war, daß keine echte Gefahr bestand?

Als ich weiterging, blieben nach einer Weile die Tiere, die mich begleitet hatten, stehen, und schließlich liefen sie wieder zur Höhle. Und es dauerte nicht lang, da sah ich das ganze Rudel wieder friedlich dort schlafen. Ich wartete eine Viertelstunde, bevor ich auf meinen alten Beobachtungsposten zurückkehrte. Offensichtlich hatte meine Anwesenheit sie nicht besonders schockiert.

In den folgenden Stunden kamen die erwachsenen Tiere noch zweimal zu mir her, um nach dem Rechten zu sehen – einer wagte sich sogar bis auf drei Meter Abstand heran. Bei einem dieser Besuche kamen auch die Wölfin und ihre Welpen mit. Als sie mich sah und sich daraufhin noch einmal anschickte, zusammen mit den Jungen die Gegend um die Höhle zu verlassen, intervenierte das gesamte Rudel: Sie war schon zweihundert Meter weit entfernt, als die anderen Wölfe sie einholten und zur Rückkehr veranlaßten. Gemeinsam trotteten sie nach Hause und legten sich schlafen. Später kamen sie noch einmal, um nach mir zu sehen. Ich blieb ganz still auf meinem Platz liegen, als sie mich umkreisten und hinter mir verschwanden. Ich wagte nicht einmal den Kopf nach ihnen zu drehen, aus Angst, sie zu verschrecken.

Erst nach zehn Minuten riskierte ich einen Blick nach hinten und merkte, daß sie fortgegangen waren. Das Rudel war jetzt offenbar auf der Jagd, nur die Wölfin und ein Jährling waren bei den Jungen geblieben.

In den folgenden Stunden kam von Zeit zu Zeit immer wieder eines der beiden Tiere auf einem Kontrollgang zu mir herauf. Als ich endlich meine Mütze holte und mich auf den Weg zum Lager machte, um dort auf die Ankunft des Photographen zu warten, hatte ich den Eindruck, daß das Rudel sich inzwischen mit meiner Anwesenheit abgefunden hatte.

Das Rudel geht zum Wasser hinunter, um zu trinken.

Ein Windstoß bläst dem Autor die Mütze vom Kopf. Scruffy macht sich damit aus dem Staub.

Das Rudel suchte sich eine neue Höhle, als die Welpen fünf Wochen alt waren.

ZWEIFEL UND ÄNGSTE

»Ich hab's geschafft!« schrie ich durch das Dröhnen der Motoren dem Photographen zu, der eben aus dem Flugzeug stieg.

»Hast du die Wölfe gefunden?« fragte er.

Bei meinem aufgeregten Versuch, in einem einzigen Atemzug meine Geschichte an den Mann zu bringen, brachte ich lediglich ein wirres Gesprudel zustande, das etwa so geklungen haben mag: »Höhle ... Welpen ... eine solche Chance kommt kein zweites Mal ... nur drei Meter von mir entfernt.« Jim, der Photograph, war eine der ganz wenigen Personen überhaupt, die den Wert meiner Entdeckung ermessen konnten. Er war von Wölfen ebenso fasziniert wie ich. Immer wieder in den vergangenen fünfzehn Jahren hatte ich versucht, ihm Gelegenheiten zum Photographieren zu verschaffen.

Als ich ihm schließlich die ganze Geschichte erzählt hatte, wurde ich das Gefühl nicht los, daß er mir nicht recht traute. Natürlich nahm er nicht gerade an, ich hätte die Höhle und die Jungen einfach erfunden, aber er hatte doch den Verdacht, ich hätte ein bißchen übertrieben, als ich beschrieb, wie wenig kompliziert es gewesen war, mit dem Rudel in Kontakt zu kommen.

Nichtsdestoweniger war er begierig, mit mir zur Höhle aufzubrechen. Als wir uns näherten, war das Rudel gerade dabei, in eine neue Höhle umzuziehen, die etwa zweihundert Meter entfernt lag. Es war ein sehr hübscher Anblick, wie die sieben erwachsenen Tiere und die sechs Jungen im Gänsemarsch über die Tundra zu ihrem neuen Quartier zogen. Die Welpen hatten eine wesentlich längere Strecke als die Alten zu bewältigen, weil sie mit ihren kurzen Beinchen jeden Erdbuckel auf dem Weg mühsam überklettern mußten.

Als die Wölfe uns bemerkten, ließen sie die Jungen allein und kamen bis auf dreißig Meter zu uns heran. Sie schienen nicht im geringsten beunruhigt. Jim war natürlich begeistert. Nach zwanzig Minuten verließen uns die Wölfe und setzten ihren Weg fort.

Der neue Bau lag in einem großen Haufen übereinandergetürmter Felsen, in dem es zahlreiche Hohlräume gab. Wir konnten es beide kaum erwarten, Photos von den Welpen zu machen, aber da es ein klarer Nachmittag war und noch unendlich viele Stunden mit gutem Licht vor uns lagen, gingen wir keinerlei Risiko ein und geduldeten uns. Wir warteten drei Stunden, bevor wir uns der neuen Höhle näherten.

Zuerst sahen wir kein lebendes Wesen. Vorsichtig näherten wir uns, als plötzlich mein Begleiter mit der Hand nach vorne wies: Da lagen, nur dreißig Meter vor uns, aneinandergeschmiegt und leise schnarchend die Welpen, die sich in ihrem hellbraunen Fell kaum vom felsigen Untergrund abhoben. Es waren keine erwachsenen Wölfe zu sehen, und wir erkannten sofort, was das bedeutete: Sie hatten uns akzeptiert. Sie empfanden uns so wenig als Bedrohung, daß sie die Welpen ohne Bewachung alleinließen, obwohl sie genau wußten, daß wir in der Nähe waren.

Wir beschlossen nun, für die Dauer unserer Untersuchungen bei den Wölfen unser Quartier aufzuschlagen. Wir stellten unser Zelt in der Entfernung von einigen Hundert Metern auf und lebten fast ständig in Gesellschaft mit dem Rudel. Natürlich gab es gewisse Probleme. Solange wir uns am Lagerplatz aufhielten, konnten wir die Tiere noch relativ leicht von dort vertreiben: Wir brauchten bloß ein paarmal zu bellen. Wenn wir aber bei der Höhle waren, so konnten wir die Wölfe, die auf ihrem Weg zur Jagd am Zelt vorbeikamen, nicht daran hindern, dort Unsinn zu treiben.

Wir waren schließlich gezwungen, sämtliche Le-

Die zweite Höhle bestand wie die erste aus mehreren Grotten zwischen den Felsen.

Vertauschte Rollen: Die Wölfe beobachten zur Abwechslung einmal den Autor.

Im Alter von drei bis vier Wochen haben die Welpen noch runde Schnauzen und Ohren und kurze Beinchen.

Drei Wochen später haben sich Schnauze, Ohren und Beine schon merklich gestreckt.

bensmittel in einem weit entfernten Steinhaufen zu verstecken. Wir errichteten dann auch beim Zelt aus Steinbrocken einige Pyramiden, an deren Spitze wir lange Plastikbänder befestigten, die im Wind flatterten. Wir hofften, das würde die Wölfe abschrecken. Diese überaus klug erdachte Einrichtung half uns wenig – die Wölfe immerhin fanden unsere Pyramiden nicht ganz unnütz: Sie gewöhnten sich an, dort ihr Geschäft zu verrichten. Einmal verstreuten sie unser Klopapier in der Tundra. Ein anderes Mal rissen sie meinen Rucksack in Fetzen. Wirklich verblüfft aber war ich beim folgenden Streich: Ich hielt mich gerade bei der Höhle auf, als ich vier Wölfe sah, die aufgeregt um unser Zelt herumliefen. Ein Wolf war dabei, seine Schnauze durch eine der mit Schnur zugebundenen Fensterklappen zu zwängen. Er schaffte es auch; sein Kopf verschwand im Innern des Zelts, während die ganze Bande gespannt abwartete. Nach einiger Zeit fing das Tier an, heftig zu arbeiten, es hatte offenbar etwas mit den Zähnen gepackt und zerrte mit aller Anstrengung. Und plötzlich zeigte sich, was der Wolf da erbeutet hatte: Mein roter Schlafsack erschien, und alle Wölfe waren begeistert. Für sie war es so, als ob sie einem erbeuteten Moschusochsen die Innereien aus der Bauchhöhle rissen, sie weideten gewissermaßen das Zelt aus! Da ich die zwei erwachsenen Wölfe und die Welpen, die sich gerade in meiner Nähe befanden, nicht verschrecken wollte, wagte ich nicht zu bellen. Statt dessen formte ich die Hände zu einem Trichter und schickte einen möglichst scharfen und schrillen Schrei hinüber, um die Übeltäter zu vertreiben. Sie stoben auch sofort in wilder Flucht davon. Sie waren so erschreckt, daß sie erst nach dreihundert Metern anhielten.

Ich erfuhr bei meiner Arbeit sehr viel Neues und Interessantes über das Verhalten der Wölfe. Ich wußte, daß diese Studien mich zu den Antworten auf viele meiner Fragen führen konnten. Jedesmal wenn ich – oder auch einer meiner Kollegen – in Zukunft dieses Rudel beobachteten, würden wir etwas Neues lernen, wir würden zu neuen Lösungen, aber auch zu neuen Fragestellungen gelangen. Nun gab es freilich neben so hoffnungsfrohen Zukunftsgedanken auch durchaus düstere Vorstellungen. Wir beide, der Photograph und ich, hatten uns hier einen langgehegten Traum erfüllen können, aber was sollten wir nun tun? Es war klar, daß wir damit an die Öffentlichkeit treten mußten; denn erstens kann man eine solche Geschichte nicht für sich behalten, und zweitens waren wir ja von *National Geographic* engagiert und hatten einen Vertrag zu erfüllen. Es war aber zu befürchten, daß die Medien in hellen Scharen hier einfielen, sobald die Sache bekannt war. Jeder Journalist beim Fernsehen und bei Zeitschriften, der sich mit Naturthemen befaßte, würde eine Geschichte über Wölfe haben wollen. Und ich wußte doch ganz genau, wie schwierig es war, richtig mit diesen Tieren umzugehen. Ich wußte auch, daß jemand, der keine Erfahrung hatte, ganz leicht alle meine Arbeit zunichte machen und jede Möglichkeit zu wissenschaftlicher Forschung in der Zukunft zerstören konnte. Eine falsche Reaktion, eine Fehlinterpretation, ein unbedachter Schritt, und das Rudel war für alle Zeit scheu gemacht. Wir selbst überlegten alles, was wir taten, gründlich und gingen sehr behutsam zu Werke. Im übrigen hatten wir beide schon relativ viel Erfahrung mit Wölfen, was natürlich auch dazu beitrug, daß wir mit dem Rudel zurechtkamen.

Während wir nun an unserem Artikel für die Zeitschrift arbeiteten, wurde uns immer klarer, daß es nur einen Weg gab, fremde Fernsehleute von diesem Ort fernzuhalten: Wir mußten selbst einen Film drehen. Allzu großes Aufsehen in den Medien konnte im Extremfall sogar die Wölfe selbst gefährden. Immerhin schien mir doch diese Gefahr nicht allzu groß. So weit in den Norden verirrt sich nur selten ein Jäger, zumal es schwierig und teuer ist, dorthin zu gelangen. Es ist auch gar nicht so ohne weiteres erlaubt, in diese Gebiete zu reisen. Wir hatten, weil wir uns zu wissenschaftlichen Zwecken dort aufhalten wollten, eine Sondergenehmigung bekommen, aber es war ein langwieriges und umständliches Verfahren dafür nötig gewesen. Trotz all dieser Beschwichtigungsgründe blieb doch ein mulmiges Gefühl bei mir zurück, wenn ich an die nahe Zukunft dachte.

Das Rudel bei einer Ruhepause.

Mom, die Mutter der Welpen, war eines der zutraulichsten Tiere im Rudel.

DIE FAMILIE

Ich hatte schon nach kurzer Zeit gelernt, die einzelnen Mitglieder des Rudels voneinander zu unterscheiden. Das Geschlecht jedes Tiers konnte ich leicht an der Haltung erkennen, die es beim Urinieren einnahm. Die Rüden waren alle hochgewachsen und ganz weiß, sie hatten bereits ihr Sommerfell. Im Gesicht trugen sie alle eine mehr oder weniger auffällige schmutzig dunkle »Maske«, deren Herkunft mir sehr lange rätselhaft blieb. Die Weibchen hatten kürzere Beine, ihr Fell ging mehr ins Graue, der hintere Teil des Körpers war dunkler als der vordere. Sie verloren ihr Winterfell später als die Rüden. In meinen Aufzeichnungen verwendete ich für alle Tiere Eigennamen.

Mom. Dieses Weibchen war offensichtlich die Mutter der Jungen und verbrachte deshalb die meiste Zeit bei der Höhle. Sie war magerer als die übrigen Tiere und ständig hungrig. Ich hatte den Eindruck, daß sie sich das Futter für die Jungen vom Mund absparte und selbst nie richtig satt wurde – jedenfalls im Juli, als wir ständig bei den Wölfen lebten. Ich ertappte sie mehrmals dabei, wie sie unsere Lebensmittelverstecke plünderte und dann eine halbe Stunde später alles vor den Jungen wieder auswürgte, um sie zu füttern. Mom schien an einer milden Form von Verfolgungswahn zu leiden. Ständig hob sie den Kopf und schaute ängstlich nach oben. Vielleicht hatte sie schlechte Erfahrungen mit den Jaegervögeln gemacht, die ihre Feinde oft mit tollkühnen Sturzflugattacken bekämpfen. Es handelt sich um Seevögel, die in der Tundra nisten und ständig gezwungen sind, ihre Brut gegen Füchse und Wölfe zu verteidigen. In einer Beziehung blieb Mom mir ein Rätsel. Sie war, wie sich eindeutig herausstellte, nicht das ranghöchste, das »Alpha«-Weibchen, sondern stand ungefähr in der Mitte der Sozialskala, sie rangierte vor Shaggy und hinter Mid-Back. Normalerweise aber pflanzt sich immer nur das ranghöchste Weibchen fort. Die Verhaltensforscher nehmen an, daß eben darin der biologische Sinn von Rangstreitigkeiten liegt: Die Tiere kämpfen um das Recht, sich fortzupflanzen.

Mid-Back. Dieses Weibchen fiel besonders wegen seiner Fellzeichnung auf. Über den ganzen Rücken liefen deutlich erkennbare dunkle Streifen. Sie war das Tier im Rudel, das uns am wenigsten zu trauen schien. Sie hielt sich immer ein größeres Stück abseits von uns als die übrigen Wölfe, bisweilen reagierte sie mit leisem Bellen, wenn wir allzu aufdringlich unsere Photoapparate auf sie richteten. Sie war das Alpha-Weibchen des Rudels. Bei der Jagd auf Schneehasen war sie auffallend erfolgreich. Oft brachte sie ihre Beute zur Höhle mit.

Shaggy (der Name bedeutet etwa »Flockie«) haarte sehr stark, daher ihr Name. Sie hatte ähnlich wie Mid-Back dunkle Streifen auf dem Rükken, weswegen man die beiden Tiere aus größerer Entfernung leicht verwechselte. Sie war ein scheues Tier, möglicherweise deshalb, weil sie in der Rangordnung der Weibchen ganz unten stand.

Leitwolf. Der Leitwolf, auch »Alpha« genannt, war das Tier mit dem größten Selbstbewußtsein – eine typische Führerpersönlichkeit. Als einziger im Rudel urinierte er in Hundemanier mit hochgehobenem Bein. Er hatte auffallend oft dunkel schmutzige Flecken um die Schnauze oder auf dem Fell. Er kam nicht selten ziemlich nahe zu uns her, neigte aber, anders als Scruffy, keineswegs zu Vertraulichkeiten. Vielmehr hatten seine Annäherungsversuche immer etwas kühn Aggressives: sein Blick blieb mißtrauisch und fast herrisch einschüchternd. In der Zeit, in der wir bei den Wölfen lebten, erhob sich nie der leiseste Widerspruch gegen seine Herrschaft im Rudel.

Mid-Back, erkennbar an der dunklen Fellzeichnung auf dem Rücken. Sie war das ranghöchste Weibchen.

Shaggy, das rangniedrigste Weibchen.

Alpha, der Leitwolf, war unbestrittener Herrscher im Rudel.

Left Shoulder, ein erwachsener Rüde, war an seiner Wunde hinter der Schulter leicht zu erkennen.

Alpha pflegte regelmäßig seine Überlegenheit über die anderen Wölfe zu demonstrieren. Er stellte sich mit steil erhobenem Schwanz und aufgerichteten Ohren steifbeinig hin und knurrte leise, und prompt unterwarf sich ihm sein Gegenüber demütig. Er kümmerte sich mehr als die anderen Rüden um die Jungen – er war zweifellos ihr Vater. Einmal, als Jim allzu nahe an die Welpen heranging, kam der alte Patriarch herangetrottet und deutete ein paarmal mit der Schnauze befehlend nach der Höhle hin: Und tatsächlich zogen sich die Jungen gehorsam zum Bau zurück.

Die erwachsenen Tiere dirigieren gar nicht selten die Welpen durch weisende Kopfbewegungen, bisweilen stupsen sie die Kleinen auch mit der Nase in die gewünschte Richtung. Einmal beobachtete ich einen Welpen, der abgesondert von den andern am Wasserlauf unterhalb der Höhle spielte, als Mid-Back gelaufen kam, mit der Schnauze das Junge schubste und das widerspenstige Kleinkind schließlich auf diese Weise zwanzig Meter weit den Hang hinauf bugsierte.

Left Shoulder. Dieser großgewachsene Rüde hatte eine faustgroße offene Wunde hinter der linken Schulter, er war der Vize-Chef des Rudels, das »Beta-Männchen«. Er beschäftigte sich manchmal, aber mit deutlich weniger Engagement als Alpha, mit den Jungen, kaute mit ihnen an Knochen herum und paßte auf sie auf. Er erschien uns im ganzen weicher und weniger durchsetzungsfähig als der Leitwolf. Vor uns zeigte er fast genauso wenig Scheu wie Alpha.

Lone Ranger war den beiden ranghöheren Rüden äußerlich sehr ähnlich, seine »Gesichtsmaske« war aber meist deutlicher ausgeprägt. Er war ein durchaus geachtetes Mitglied seiner Gesellschaft, hielt sich aber immer ein bißchen abseits, sowohl von uns als auch vom Rudel.

Scruffy war vermutlich ein männlicher Jährling, wie ich aus seiner Haltung beim Urinieren schloß. Er pflegte sich halb hinzukauern, der Urinstrahl kam relativ weit vorn, zur Mitte des Bauchs hin, heraus. Scruffy war im Gegensatz zu den anderen Männchen grau und sah also den Weibchen ähnlich, war aber höher aufgeschossen als diese. Er trieb sich ständig in unserer Nähe umher, manchmal legte er sich nur ein, zwei Meter vor uns zum Schlafen hin. Er war neugierig, aufgeweckt, unbekümmert und arglos, er hatte in seinem Charakter etwas von einem Clown und Spaßmacher. Ich beobachtete ihn einmal, als die Wölfe ihren Mittagsschlaf hielten, wie er aufstand und zum zerfledderten Kadaver eines Polarfuchses schlenderte, der einen Tag lang dem ganzen Rudel als Spielzeug gedient hatte. Er packte den Fuchs und brachte ihn den Jungen, die sich damit vergnügten, den Kadaver immer wieder von neuem spielerisch zu »töten«. Dann ging er wieder schlafen.

Es ist sehr wahrscheinlich, daß der Leitwolf Vater der Jungen war. Man könnte vermuten, daß die physische Verwandtschaft väterlich beschützende Instinkte verstärkte. Ein Wolfsrudel ist streng hierarchisch organisiert, alle Individuen haben einen genau definierten Platz in einer Rangordnung, und nur die höherrangigen Tiere pflanzen sich fort. Aber selbst wenn der Leitwolf nicht der Erzeuger der Jungen ist, teilen sie doch sehr viele Gene mit ihm, da ja normalerweise alle Wölfe eines Rudels nahe miteinander verwandt sind. Denn ursprünglich ist das Rudel immer ein Familienverband: Zwei Tiere, seien sie nun nahe, entfernt oder gar nicht verwandt, tun sich zu einem Paar zusammen und produzieren jedes Jahr neuen Nachwuchs. Die Jungen bleiben dann manchmal bis zu vier Jahren oder länger bei den Eltern.

Diese verwandtschaftlichen Bindungen erklären vielleicht das hohe Maß an gemeinschaftlicher Verantwortung, das ich bei der Aufzucht der Jungen beobachten konnte. Die Sorge für die Welpen ist Aufgabe des gesamten Rudels und bestimmt Tun und Lassen der Gruppe. Der einzige Grund, weshalb die Erwachsenen jeden Tag nach der Jagd zur Höhle zurückkehren, sind die Jungen. Auch der Bau ist allein für die Welpen da, die ausgewachsenen Wölfe brauchen ihn nicht. In Zeiten, in denen es keinen Nachwuchs gibt, führt das Rudel ein unstetes Nomadenleben in seinem Revier und kümmert sich nicht im mindesten um die Höhle.

Lone Ranger. Der dunkle Fleck auf der Schnauze, die »Maske«, entsteht, wenn ein Wolf beim Fressen in den Eingeweiden eines getöteten Moschusochsen wühlt.

Scruffy, ein männlicher Jährling, war der Clown des Rudels. Er war verspielt wie ein Welpe.

ALLTAGSLEBEN

Ich hatte nur sehr schwache Vorstellungen davon, wie groß das Territorium eines Wolfsrudels sein kann. Sogar in Alaska, wo es noch relativ viel Beute gibt, durchstreifen die Rudel bisweilen Reviere von zweitausend Quadratkilometer Fläche, das ist ein Bezirk mit etwa fünfzig Kilometer Durchmesser. Einmal begegnete ich »meinem« Rudel dreiundzwanzig Kilometer von der Höhle entfernt, und sie kamen gerade von einer Herde Moschusochsen, die noch einmal drei Kilometer weit weg war. Wenn man von solchen Zahlen ausgeht, kann man sich ausrechnen, daß die Tiere ein Gebiet von deutlich mehr als zweitausend Quadratkilometer bejagten. Sie haben keine andere Wahl: In einer solch kargen Landschaft brauchen sie so viel Fläche, um genügend Beute zu finden – in erster Linie Moschusochsen und Schneehasen, aber auch Karibus, Lemminge, Robben und verschiedene Vögel, deren Nester sie plündern können.

Es ist kein ganz leichtes Geschäft, genügend Futter für sechs gierige Welpen heranzuschaffen, und das Rudel hatte viel Zeit und Mühe dafür zu verwenden. Mit ziemlich großer Regelmäßigkeit pflegten die Wölfe, wenn das Wetter schön war, zwischen 15.30 und 22 Uhr zu jagen, bei bedecktem Himmel von 2 bis 11 Uhr morgens. Ich hatte den Eindruck, daß es vor allem die Welpen, Mom und Scruffy waren, die normalerweise die übrigen Tiere dazu drängten, vom Schlaf aufzustehen und sich auf den Weg zu machen.

Ein typisches Beispiel wäre etwa der 23. Juli: Die Tiere schlafen über den Abhang östlich der Höhle verstreut. Um 2.40 Uhr erwacht Mom, geht von einem zum anderen und schnüffelt überall ein bißchen herum. Mid-Back aber stupst sie mit Nachdruck an und bewegt sie zum Aufstehen. Mid-Back hat offenbar keine rechte Lust, sie sitzt zwar eine Weile aufrecht da, legt sich aber dann wieder hin. Mom geht entschlossen los, etwa dreißig Meter weit in nordöstlicher Richtung. Sie bleibt stehen und blickt auffordernd zu den reglos daliegenden Wölfen. Dann wirft sie den Kopf zurück und beginnt zu heulen, ziemlich leise nur, doch sie erreicht, was sie wollte: Die Welpen stimmen ein.

Dem Chor, der nun erklingt, kann keine lebende Seele widerstehen. Sechs Sopranstimmen bieten ihre herzzerreißenden Variationen über das Thema, das Mom vorgegeben hat: »Wir haben Hunger!« Das ganze Rudel läßt sich mitreißen und heult mit. Mom geht zurück zur Gruppe der Erwachsenen, alle stehen auf und strecken sich, sie beschnüffeln einander kurz, und dann folgen sie Mom, die den Weg in nordöstlicher Richtung einschlägt, zur Jagd.

Überraschenderweise kam eben das Tier, das die übrigen ungeduldig zum Aufbruch gedrängt hatte – in der Regel Mom oder Scruffy –, sehr oft nach einer halben Stunde zurück, um auf die Jungen aufzupassen. Ich habe leider nie genau beobachten können, wie und wann es sich entscheidet, welches der Tiere zur Höhle zurückgeht. Handelte der Babysitter auf eigene Faust, oder wurde er von der Gruppe delegiert oder gar gezwungen? Nach welchen Kriterien wird der Babysitter ausgewählt? Welchen Einfluß hat der Leitwolf bei dieser Entscheidung? Es ist mir nicht gelungen, diese Fragen zu beantworten. Ich mußte sie – neben zahlreichen anderen – späteren Forschungen überlassen.

Ähnlich rätselhaft blieb mir das Ritual des gemeinsamen Heulens. Welche Rolle spielt es im sozialen Leben des Rudels?

Es steht doch jedenfalls fest, daß es etwas ist, was die jungen Wölfe sehr früh lernen. Unsere Welpen hörte ich bereits an dem Tag heulen, an

Links: Die Welpen brauchen den Schutz und die Sicherheit der Höhle während der ersten acht Lebenswochen.

Ausruhen war die Lieblingsbeschäftigung der Wölfe; manchmal schliefen sie neun Stunden lang.

dem ich sie zum erstenmal sah, und damals waren sie etwa fünf Wochen alt. Die Kleinen benutzten es beispielsweise dazu, in Notsituationen auf sich aufmerksam zu machen. Einmal beobachtete ich, wie eines der Jungen, das bei einer längeren Wanderung dem Rudel nicht folgen konnte und schon mehr als vierhundert Meter weit hinterhertrottete, ein großes Geheul erhob, in das bald die anderen miteinstimmten und zurückkamen, um den Nachzügler zu holen. Ich habe aber auch Situationen beobachtet, wo Mom einen allzu weit herumstreunenden Welpen zur Höhle zurückholte, ohne daß irgendein Ton hörbar geworden wäre.

Derartige Beobachtungen waren es, die ich mir erhofft hatte, als ich die Höhle entdeckte. Und es gab vieles, was zu beobachten ich nicht einmal geträumt hatte, einfach deswegen, weil es mir unbekannt gewesen war. Das waren bisweilen ganz unspektakuläre Dinge, der normale Alltag: Das Rudel schlief, es widmete dann eine gewisse Zeit – bis zu zwei Stunden – der Pflege der sozialen Beziehungen, das Rudel ging zur Jagd, dann wurden – wenn irgend möglich – die Jungen gefüttert.

Das Engagement und die Ausdauer der Jungen beim Spielen erstaunte mich immer wieder von neuem. Einmal, die Welpen waren etwa sieben Wochen alt, sah ich sie zu einem Schneefeld an einem Abhang vierhundert Meter von der Höhle entfernt wandern. Eine dreiviertel Stunde lang tollten sie unermüdlich kreuz und quer dort herum, sie jagten einander, sie balgten sich, rutschten und krabbelten umher mit einer Begeisterung und Verspieltheit, die ich bei keiner anderen Tierart erlebt habe. Manchmal teilten sie sich in Paare und führten auf ihrer Schneematte regelrechte Ringkämpfe auf. Scruffy, der zwar erwachsen war, sich aber ein recht kindlich verspieltes Gemüt bewahrt hatte, stürzte sich bisweilen ins Gewühl und kämpfte allein gegen die ganze Bande. Einmal schnappte er auch einen der Welpen am Kragen und hievte ihn aus dem tiefen Schnee.

Abgesehen von solchen wilden Spielen und von gelegentlichen Ausflügen, beschäftigten sich die Jungen, wenn sie nicht gerade schliefen, ausschließlich mit Fressen. Indes wurde ihnen auch

Zeit zum Aufstehen. Die erwachsenen Wölfe strecken oft ihre Glieder, besonders nach dem Aufwachen.

Das Rudel heult bisweilen im Chor, besonders nach dem Aufwachen oder nach aufregenden Erlebnissen.

bei der täglichen Fütterung nicht wenig an Hingabe und Anstrengung abverlangt. Sie hatten nämlich dabei ein streng geregeltes Ritual einzuhalten: Sobald ein erwachsenes Tier sich den Jungen nähert, vor allem dann, wenn es längere Zeit abwesend war und also zu erwarten ist, daß es eben von der Jagd zurückkommt, so rennen sofort die Welpen winselnd zu ihm hin, wobei sie aufgeregt nicht nur mit dem Schwanz, sondern mit dem ganzen Hinterleib wedeln und zappeln. Sie drängen sich kriechend mit zurückgelegten Ohren um das erwachsene Tier und lecken ihm die Lefzen. Es ist dies ein erbitterter Konkurrenzkampf: Jeder der Welpen versucht mit Einsatz aller Kräfte einen Platz möglichst nahe bei der Schnauze zu erringen.

Normalerweise schaut das erwachsene Tier diesem wilden Treiben einige Sekunden lang zu, springt dann plötzlich ein Stück zur Seite und wiegt Körper und Schwanz hin und her. Es hält den Kopf dicht über dem Boden, und die Jungen drängen sich wieder zur Schnauze hin. Der erwachsene Wolf läuft noch einmal fort – bisweilen nur ein paar Schritte weit, manchmal aber auch eine recht weite Strecke, bis zu vierhundert Meter –, bleibt plötzlich stehen und würgt das Futter aus. Die Welpen stürzen sich darauf und verschlingen alles bis zum kleinsten Bröckchen. Es dauert keine halbe Minute, bis nichts mehr übrig ist. Ein Welpe, der sich zu lange besinnen wollte, wäre verloren und müßte verhungern.

Es ist klar, daß bei dieser Fütterungsmethode eine gewisse Auslese stattfindet, weil die aggressiveren und stärkeren Individuen sich besser durchsetzen, was die vorhandenen physischen Unterschiede in einem Wurf noch verstärkt: Wer hat, dem wird gegeben. Bei meiner Arbeit in Minnesota hatte ich früher bereits feststellen können, daß es Würfe gibt, in denen die starken Welpen doppelt so viel wiegen als die schwachen.

Die erwachsenen Tiere würgen bei einer Fütterung nicht immer den gesamten Mageninhalt aus. Es kommt vor, daß sie im Verlauf von einigen Stunden noch einmal, auch zwei- und dreimal, ja noch öfter, füttern. Am häufigsten waren es Mom und Scruffy, die den Jungen zu fressen gaben. Vielleicht ist der Grund hierfür der, daß diese

Die Welpen spielten oft bei diesem Schneefeld; sie jagten einander und balgten sich.

Tiere mehr Zeit bei der Höhle verbrachten als der Rest des Rudels und deswegen am meisten Gelegenheit hatten, die vergrabenen Vorräte der anderen aufzuspüren und zu plündern. Natürlich waren ihnen bei der Suche fast immer die Welpen hart auf den Fersen. Sicher aber waren die beiden nicht allein für die Ernährung zuständig. Auch die anderen Mitglieder des Rudels würgten mehr oder weniger häufig Futter aus – nur Lone Ranger habe ich nie dabei beobachten können.

Natürlich dient das Ritual von Betteln und Vorwürgen in erster Linie schlicht der Ernährung der Jungen. Mir scheint aber, daß in diesem Verhaltensmuster noch mehr steckt. Ich habe oft beobachtet, wie erwachsene Wölfe mit Welpen um kleinere Nahrungsreste kämpften, die vor der Höhle herumlagen. Das erwachsene Tier verschlang seine Beute, würgte sie aber nach einiger Zeit wieder als Futter aus. Was ist der Grund für dieses Verhalten? Er liegt bestimmt nicht darin, daß die Jungen etwa vorverdaute Nahrung brauchten. Sie fressen ohne Zögern auch von der Beute, die Wölfe ihnen bisweilen von der Jagd im Maul mitbringen.

Es könnte sein, daß das Füttern durch Vorwürgen von Nahrung für die erwachsenen Tiere den Vorteil hat, daß sie genau kontrollieren können, wie und was die Jungen fressen. Die Wölfe scheinen ein solches Bedürfnis nach Kontrolle zu haben. Ich beobachtete einmal den Leitwolf, wie er zwei Welpen fütterte. Eines von den beiden machte sich über das Futter her, während das andere sich schnell einen einzelnen großen Brocken schnappte und ihn wegzuschleppen versuchte, wohl um ihn in Ruhe zu verzehren. Da schlich Alpha zu dem Welpen, der allein bei dem ausgewürgten Futter stand, hin und fing an mitzufressen. Wenn er auf diese Weise dem Kleinen beibringen wollte, daß man immer mit Konkurrenz rechnen muß, so hatte dieser die Lektion verstanden: Er schnappte sich ein Stück und brachte sich damit in Sicherheit.

Einmal sah ich Mid-Back, die erfolgreichste Hasenjägerin des Rudels, mit einem erbeuteten Schneehasen im Maul von der Jagd zurückkommen. Sie ignorierte brüsk die anderen Wölfe und schritt eilig mit gesträubtem Rückenfell und steil

Federn und herumliegende Knochen waren für die Welpen willkommenes Spielzeug.

Die meiste Zeit, wenn sie nicht gerade spielen oder fressen, schlafen oder ruhen die Welpen.

Wenn ein erwachsenes Tier zur Höhle zurückkommt, geht es oft mit den Welpen abseits, um sie zu füttern.

Das erwachsene Tier würgt den Welpen Nahrung vor, und sie machen sich gierig darüber her.

Scruffy kommt zum Rudel zurück. Er trägt einen jungen Schneehasen im Maul.

erhobenem Schwanz an ihnen vorbei. Scruffy, offensichtlich voller Gier, folgte ihr bis zu ihrem Lieblingsplatz unterhalb der Höhle, wo sie sich hinlegte und anfing, ihre Beute zu verzehren. Scruffy legte sich daneben und machte mehrere zaghafte Anläufe, etwas teils zu erbetteln, teils zu erhaschen, und schließlich, als das letzte Stück des Hasen, der Hinterlauf, eben noch aus Mid-Backs Maul hervorragte, kroch er direkt vor Mid-Back hin und stupste in einem letzten verzweifelten Versuch das Hasenbein bettelnd mit der Schnauze an. Mid-Back blieb völlig ungerührt.

Ich frage mich: Warum fraß die Wölfin ihren Hasen nicht gleich an Ort und Stelle, statt ihn hiezubringen und sich Scruffys aufdringlicher Bettelei auszusetzten? Warum brachte sie ihre Beute in derart provozierender Weise zur Höhle? Bringt es einem Wolf Gewinn an Prestige oder Macht oder irgendwelche andere soziale Vorteile, wenn er seine Beute vor dem Rudel zur Schau stellt oder sie als Futter den Jungen vorwürgt?

Es leuchtet ein, daß dort, wo die Nahrung so extrem knapp ist, der Jagderfolg eines Tiers von großer Bedeutung für seine soziale Stellung sein muß. Die sozialen Beziehungen im Rudel aber sind wiederum extrem wichtig für die Individuen. Denn das Leben eines jeden Tiers wird von seinem Rang in der Hierarchie des Rudels bestimmt, in einer festen Stufenleiter von Über- und Unterordnung: Es gibt männliche und weibliche »Chefs«, verschiedene niedrigere Ränge und schließlich sogar »Underdogs«, die Prügelknaben aller.

Den Rang des Leitwolfs zu erkennen war noch relativ einfach. Dagegen bedurfte es langwieriger und genauer Beobachtung, die Stellung der übrigen Wölfe in der Hierarchie zu bestimmen. Normalerweise hätte man annehmen müssen, die Mutter der Welpen wäre eines der hochrangigen Tiere. In diesem Fall freilich gab es keinen Zweifel daran, daß das Muttertier weit unten auf der sozialen Stufenleiter stand; bisweilen schien es mir, als sei Scruffy das einzige Tier, das noch niedriger als Mom einzustufen war. Unter den männlichen Wölfen gab es wenig Rangstreitigkeiten, und es sprach nichts dafür, daß einer von ihnen der Vater von Moms Jungen sein könnte.

Rechts: Mid-Back war die Spezialistin im Hasenfangen. Normalerweise fraß sie die vordere Hälfte zuerst.

Oben: Welpen balgen sich oft. Im direkten Vergleich mit den Geschwistern testen sie ihre Fähigkeiten.
Links: Der Hase ist fast ganz verschlungen. Selbst die Läufe werden gefressen.

DIE GROSSE OCHSENJAGD

Von jedem erhöhten Punkt in der kahlen Landschaft konnte ich riesige Gebiete übersehen. Moschusochsen heben sich schwarz vom Untergrund ab, und treten normalerweise in Herden auf. Es war deswegen nicht schwierig, die Wölfe bei der Jagd auf die Rinder zu beobachten. Moschusochsen sind nicht einfach Beute, die man bloß zu finden und zu packen braucht, sondern sie sind gefährliche Gegner, die man im Kampf besiegen muß. Die Bullen erreichen ein Gewicht von zehn Zentner oder mehr, die Kühe wiegen etwa halb so viel. Sie leben in Herden von maximal dreißig Tieren. Wenn eine Herde angegriffen wird, so drängen sich die erwachsenen Rinder dicht in einem Halbkreis oder Kreis zusammen und nehmen die Kälber in ihre Mitte. Es kommt vor, daß sie Wölfe töten.

Es ist nicht leicht, einen solchen Abwehrkampf zu beobachten und herauszukriegen, mit welchen Mitteln die Wölfe die Phalanx der Rinder zu durchbrechen oder zu umgehen suchen; denn man hat es in diesem Fall ja mit zwei Gruppen von Wildtieren zu tun, denen man sich nähern möchte. Es schien mir wenig erfolgversprechend, die Wölfe auf ihre Jagden über Hügel und Buckel in den endlosen Weiten der Landschaft zu verfolgen. Viel lohnender war es für mich, in der Nähe der Höhle zu bleiben und das Leben dort zu beobachten. Meine Hoffnung, jemals eine Rinderjagd aus der Nähe zu sehen, schwand dahin – bis zu jenem denkwürdigen 15. Juli.

Wir waren an diesem Tag seit 10.30 Uhr auf unserem Posten bei der Höhle und bemerkten in gut zwei Kilometer Entfernung eine Herde von elf erwachsenen Moschusrindern und drei Kälbern, die sich von Osten her näherte. Die Tiere bewegten sich langsam durch die wellige Landschaft und weideten auf den mit Gras und Flechten bewachsenen Matten längs ihres Weges. Bisweilen verschwand die Gruppe aus unserem Blickfeld in einer Senke, doch bald schon tauchten die schwarzen Flecken in der Ferne wieder vor uns auf.

Die Wölfe waren den ganzen Tag über nicht besonders aktiv gewesen. Sie hatten einen kurzen Ausflug mit den Jungen fünfzig Meter weit zum Wasserlauf hinunter gemacht und ein bißchen miteinander gespielt, aber sonst war fast nichts passiert. Um 17 Uhr waren die Moschusochsen nur mehr anderthalb Kilometer entfernt und sorgten für eine gewisse Abwechslung. Der Hügelkamm, auf dem wir uns befanden, lag quer zwischen der Höhle und der Rinderherde, so daß wir beide sehr gut beobachten konnten. Das Wetter war schön, und so würden die Wölfe wohl im Lauf des Abends zur Jagd aufbrechen.

Als wir in Richtung der Höhle schauten, konnten wir einen Augenblick lang einige Wölfe sehen, die gerade über den Felskamm in der Ferne liefen. Die Strecke, die dazwischen lag, war aber zum größten Teil nicht einsehbar. Nur einmal noch konnten wir von unserem Platz bei der Herde aus einige Tiere des Rudels kurz auftauchen sehen, und es schien uns, als seien sie auf dem Weg hierher. Uns blieb nichts anderes übrig als zu warten. Um 19.30 Uhr erschienen sie plötzlich, alle sieben! Sie kamen schräg über den Hang rechts von uns, und sie hatten offensichtlich die Moschusochsen im Visier. Sie bewegten sich zielbewußt und flink, jedoch keineswegs hektisch. Es war ihnen keine besondere Aufregung anzusehen, sie schienen nur interessiert, nicht mehr. Dann wurde mir klar, daß die Situation für sie nicht so sensationell war, wie ich gedacht hatte. Sie begegnen fast jeden Tag einer Herde.

Für mich freilich war diese Begegnung sehr wohl aufregend. Ich hatte vorher erst einmal

Links: Die Welpen betteln dauernd um Nahrung. Sie motivieren damit die erwachsenen Wölfe zur Jagd.

Wölfe in der Nähe von Moschusochsen gesehen, und zwar genau eine Woche vorher. Aber das Zusammentreffen war enttäuschend verlaufen: Die Wölfe hatten sich in der Nähe der Herde niedergelassen und gewartet. Dann war plötzlich ein Schneehase vorbeigelaufen, und das Rudel hatte die Rinder vergessen und war dem Hasen nachgejagt. Und das war alles gewesen.

Dieses Mal sollte es spannender werden, obwohl das Unternehmen ganz ähnlich langweilig anfing. Die Wölfe kamen heran und benahmen sich recht harmlos. Die Rinder drängten sich zu einer geschlossenen Front zusammen. Die Wölfe blieben drei Meter vor den Moschusochsen stehen und beobachteten sie, Scruffy ein Stückchen hinter dem Rudel. Einige Minuten vergingen, die meisten Wölfe legten sich hin, ab und zu stand einer auf und vertrat sich die Beine. Sie schienen ganz ruhig und harmlos.

Die Moschusochsen ließen sich nicht täuschen, sie wußten genau, wie ernst die Lage war. Sie standen in einer Linie da, die Köpfe gesenkt, von ihren Leibern gedeckt, bewegten sich unruhig die Kälber. Indes war diese Geschlossenheit nicht von allzu langer Dauer, einige Tiere ließen es an Disziplin fehlen. Die Rinder am Ende der Reihe wurden fahnenflüchtig, andere begannen zu grasen. Auch die Disziplin im Rudel schien sich lockern. Scruffy und einer der erwachsenen Rüden trabten fort, um sich scheinbar ziellos herumzutreiben, ein weiterer Wolf ging um die Herde herum und belauerte sie von hinten.

Die Wölfe, die lauernd mal seitlich, mal hinter ihnen umherschlichen, schienen die Rinder nervös zu machen, ihre wohlüberlegte Schlachtordnung löste sich zusehends auf. Nach einer Weile hatte sich die Herde in kleine Gruppen zerteilt, zwischen denen die Wölfe herumspazierten. Hie und da entwickelten sich kleinere Scharmützel, wenn einer der Ochsen nach einem Wolf stieß, aber es mischten sich keine anderen Tiere in diese Zweikämpfe ein.

Die Wölfe wurden nun langsam hitziger, die Feindseligkeiten eskalierten. Der rauhe und rissige Untergrund war nicht zum Vorteil der Rinder; sie haben auf dünnen Beinen eine gewaltige Körpermasse zu manövrieren und müssen genau darauf achten, wohin sie treten, um sich nicht zu verletzen. Das Tempo nahm zu, und bald jagten die Wölfe Gruppen von Rindern. Sobald ein Ochse merkte, daß ein Verfolger ihn erreicht hatte, warf er sich herum und bot ihm drohend die Stirn. Das verschaffte dem einzelnen Tier freilich nur eine kurze Atempause und konnte nicht verhindern, daß die Gruppen von Rindern, ständig von den sieben Wölfen gejagt und attackiert, unfähig eine geschlossene Formation zu bilden, sich in immer wilderen Kreisen abhetzten.

Die Aggressivität der Wölfe nahm spürbar zu. In immer hitziger werdenden Attacken stießen sie in die aufgeregte Menge ihrer Opfer. Die Ochsen warfen sich herum, senkten die Köpfe, scharrten drohend mit den Vorderhufen. Die Szene, die wir in unseren Ferngläsern sahen, wurde unwirklich: massige, schwarze Ungeheuer, weiß dazwischen und blitzschnell die Wölfe, ein Wirbeln und Stampfen und Tosen in einer gewaltigen Staubwolke – ein unglaubliches Bild.

Ich war überzeugt davon, daß mindestens einer unserer Wölfe zu Tode getrampelt oder schwer verletzt werden mußte. Die Moschusrinder konnten sich offenbar nicht entschließen, ihr Heil in der Flucht über das weite Land zu suchen, sie fochten vielmehr ihre Sache an Ort und Stelle aus. Die Wölfe kamen mit dem schwierigen Gelände mit all seinen Spalten und Rissen weit besser zurecht als die schwerfälligen Rinder. Einmal fiel ein Ochse über die Kante einer Spalte und lag hilflos auf dem Rücken. Die Wölfe sprangen sofort hinterher und attackierten ihn.

Ich kann nicht genau sagen, wie lang der Kampf tobte, vielleicht eine Stunde oder mehr. Wir hatten jedes Zeitgefühl verloren. Der Rhythmus von Rennen, Stehenbleiben, Abblocken veränderte sich: die Fluchtbewegungen nahmen zu und wurden hektischer, immer seltener boten die Rinder dem Feind die Stirn, aus Kampf wurde Jagd – die Herde geriet in Panik.

»Du wirst sehen, heute kriegen sie ihren Ochsen!« schrie Jim aufgeregt.

Nur dreißig Sekunden später nahmen Alpha und Mom ein Kalb in die Zange. Mom biß sich rechts unterhalb des Kopfes fest, Alpha packte es bei den Nüstern. Der Rest des Rudels kam sofort den beiden Wölfen zu Hilfe und fiel ebenfalls das Opfer an. Die Mutterkuh floh mit der Herde. Das Kalb kämpfte um sein Leben, sechs Wölfe hatten sich in Kopf und Schulter verbissen.

Dann plötzlich ließ Left Shoulder, der das Opfer weit hinten an der rechten Flanke gepackt hatte, los und machte sich an die Verfolgung der Herde, die in offener Flucht aus der Hochebene hinaus dem Tal eines Wildbachs zustrebte. Mid-Back, die ebenfalls einen schlechten Platz relativ weit hinten besetzt hatte, schloß sich Left Shoulder an. Sie packten das zweite Kalb, als es eben den Wasserlauf überqueren wollte.

Das Gros der Herde hatte sich nach rechts gewandt und floh den Bach entlang im Talgrund zum Fluß hin. Auch die anderen Wölfe ließen nun das erste Opfer los, nur Mom und Alpha hielten es noch in ihrem Griff. Das Kalb war jetzt so schwach, daß es sich nicht mehr auf den Beinen halten konnte. Alpha schloß sich dem Rest des Rudels an. Unten am Bach kämpften Left Shoulder und Mid-Back mit dem zweiten Kalb, als die übrigen Wölfe ihnen zu Hilfe kamen. In ziemlich großer Entfernung sah man zwölf Moschusochsen, darunter das einzig verbliebene Kalb, fliehend die Böschung hinaufsteigen.

Und dann – ich traute meinen Augen nicht – sah ich plötzlich, nur fünfzig Meter hinter der Herde, einen Wolf laufen, es muß Shaggy oder Mid-Back gewesen sein. Sie wollte sich auch noch das dritte Kalb holen! Dieses Kalb lief rechts neben einem erwachsenen Tier her, einige Meter dahinter lief ein zweites Rind. Die Wölfin holte die Gruppe sehr schnell ein, sie waren noch nicht oben an der Böschung angekommen, als das Raubtier sein Opfer von der rechten Seite her anfiel. Die Herde rannte weiter, nur die zwei Rinder bei dem Kalb blieben stehen, ohne allerdings den Wolf anzugreifen oder ihm auch nur zu drohen. Jetzt war auch der Leitwolf da. Das Kalb lief die Böschung hinab zum Bach und versuchte verzweifelt, seine Peiniger abzuschütteln. Es gelang ihm nicht. Unten im Tal warteten die übrigen Wölfe und machten ein schnelles Ende.

Die Sache war damit keineswegs abgeschlossen. Die Wölfe, eben noch rasend und wild, gingen nun kühl und konzentriert, fast geschäftsmäßig, an ihr weiteres Werk. Es gab kein gegenseitiges Beschnüffeln oder sonstige Sozialgesten. Sie arbeiteten mit größtmöglicher Schnelligkeit und Effektivität, aber ohne sichtbare Erregung, etwa wie Feuerwehrleute, die einen Brand bekämpfen. Jedes der Tiere versuchte nun, in möglichst kurzer Zeit möglichst viel Fleisch von den Beutetieren zu verschlingen. Und jeder Wolf betrachtete seine Genossen als Konkurrenten. Die Tiere fraßen sich voll – das dauerte zwischen zwanzig Minuten und einer knappen Stunde –, gingen dann verstohlen weg und suchten sich ein verstecktes Plätzchen, wo sie das Fleisch wieder auswürgten als Vorrat für spätere Zeiten. Einige Wölfe liefen auch zwischen den Mahlzeiten zum Bach, um zu trinken und sich abzuwaschen. Mom und Scruffy trabten heim zur Höhle und fütterten die Welpen. Später brachten auch andere Mitglieder des Rudels den Jungen Futter. Der Leitwolf blieb noch mehrere Stunden lang am Ort des blutigen Geschehens.

Während ich von meinem Posten aus zusah, wie die Wölfe aufräumten und Futter für ihre Welpen sammelten, wurde mir erst richtig klar, wie selten und kostbar die Beobachtungen waren, die ich hier machen konnte. Natürlich ist das Ereignis selbst alles andere als außergewöhnlich – nur darf höchst selten ein Mensch dabei zusehen.

Ein Kollege von mir, Dr. David Gray, eine Autorität in allen Fragen, die das Verhältnis von Wolf und Moschusochse betreffen, hat in einem Zeitraum von elf Jahren insgesamt einundzwanzig Begegnungen solcher Tiere auf Bathurst Island beobachtet. Nur in drei von einundzwanzig Fällen gelang es den Wölfen, ein Opfer zu reißen.

Was ich gesehen hatte, kann nicht der Normalfall sein, sonst könnten die Kälber nie das Kindesalter überleben, und die Moschusochsen wären längst ausgerottet. (Später bin ich noch öfter anderen Herden in dieser Region begegnet, und sie hatten alle Kälber.) Vielleicht haben in diesem Fall wir mit unserer Anwesenheit, den Motorrädern, den Kameras, den Gang der Ereignisse beeinflußt, indem wir die eine oder die andere Gruppe ungewollt verunsicherten. Ich hatte mich Ähnliches auch früher schon gefragt, wenn wir vom Flugzeug aus Wölfe bei der Jagd verfolgten.

Andererseits ist es aber auch so, daß in derartigen Situationen erfahrungsgemäß Raubtier und Beutetier immer sehr stark aufeinander fixiert sind. Beide nehmen dann nur in eingeschränktem Maß ihre Umwelt wahr. Ich habe schon extrem scheue Wölfe erlebt, die einen Hirsch durch bewohntes Gebiet hindurch verfolgten und ihn vor den Augen staunender Menschen erlegten. Sobald die Beute getötet ist, scheint ihnen dann plötzlich klar zu

Die Wölfe nähern sich einer Herde Moschusochsen. Die Rinder beginnen sich zu sammeln.

Die Abwehrhaltung der Herde bremst den Elan der Wölfe. Sie halten an und sondieren die Lage.

Die Herde formiert sich zu einer Verteidigungslinie, die Kälber drängen sich dahinter zusammen.

Die Wölfe drohen – die Moschusochsen machen sich zur Verteidigung bereit.

Die plänkelnden Attacken machen die Rinder nervös. Die Wölfe werden frecher.

Die Angriffe werden hitziger. Die Herde gerät langsam in Panik.

Die Wölfe hetzen die Moschusochsen.

Folgende Doppelseite: Nach zahlreichen Attacken und Gegenattacken gewinnen die Wölfe die Oberhand. Die Herde sucht ihr Heil in der Flucht. Zwei Wölfe nehmen ein Kalb in die Zange.

Normalerweise versuchen die Wölfe ihre Beute an den Nüstern oder an anderen Teilen des Kopfes zu packen.

Nach einigen Minuten fällt das Kalb.

Einer der Wölfe schießt von der rechten Seite auf die flüchtende Herde zu, um ein zweites Kalb zu packen.

Ein zweiter Wolf kommt ihm zu Hilfe.

Die Kuh läßt ihr Kalb im Stich – es ist verloren.

Das Kalb ist von den Wölfen den Hang hinabgedrängt worden. Zwei weitere Wölfe kommen hinzu.

Die Wölfe fressen sich voll. Einen Teil des Fleisches bringen sie in ihren Mägen zu ihren Jungen.

Zuerst öffnen sie die Bauchhöhle des Kalbs.

Die Wölfe weiden ihr Opfer aus.

Folgende Doppelseite: Die Bauchhöhle ist offen. Die Wölfe machen sich über die Leckerbissen her.

Sie zerren und reißen Fleischstücke aus dem Körper des Beutetiers.

Große Stücke wie diese Leber werden weggetragen und als Vorrat für später vergraben.

Nach dem Fressen suchen sich die Wölfe einen Wasserlauf, um zu trinken und sich zu waschen.

Manchmal tragen Wölfe auch im Maul Nahrung für die Jungen zur Höhle.

werden, wie gefährdet sie sind. Sie ergreifen dann die Flucht und kommen erst nach Einbruch der Dunkelheit, um ihre Beute zu holen.

Gesicherte Erkenntnisse stehen uns hier, wie auch in vielen anderen Fällen, nicht zur Verfügung. Die Wissenschaft kann nur langsam vorwärtskommen, indem sie Erfahrungen sammelt, immer von neuem probiert, durch Vermutungen und Hypothesen und durch deren gewissenhafte und mißtrauische Überprüfung. Vielleicht bekommen wir so eines Tages gültige Antworten auf unsere Fragen. Wenn sich aber auch herausstellen sollte, daß unsere Anwesenheit bei jener Jagd das Verhalten der Tiere in irgendeiner Weise beeinflußt hat, so ändert das nichts an meinem Glücksgefühl, das ich empfand, als sich die verborgene Welt der Wölfe und Moschusochsen vor mir auftat. Und später durfte ich noch einmal, und sogar noch etwas näher, dabeisein! Es sind Erlebnisse dieser Art, die ich mir wünsche und von denen ich glaube, daß sie ein wahres Bild der Natur vermitteln.

Ich bin, nachdem ich viele Wolfsjagden beobachtet habe, zu der Überzeugung gekommen, daß im großen und ganzen ein ungefähres Gleichgewicht zwischen den Möglichkeiten von Angreifer und Beutetier herrscht. Die Auswahl der Kampfmittel ist auf beiden Seiten ungefähr gleich: Einschüchtern, Drohen, Abtasten des Gegners, Jagen, den Gegner nervös machen, Nahkampf, Täuschung, Attacke und Gegenattacke, das alles sind Mittel, die von beiden Seiten angewendet werden. Gray berichtet von einem Kampf, der insgesamt 230 Minuten dauerte, mit einigen Pausen gegenseitigen Belauerns, wie ich sie oben beschrieben habe. Wenn ich diese Pausen abziehe, so bleibt immer noch eine reine Kampfzeit von zwei Stunden und fünfundvierzig Minuten. Man kann, glaube ich, ruhigen Gewissens behaupten, daß in diesem Kampf Chancengleichheit gegeben war.

Als ich zwei Tage später noch einmal nach den Kälbern sah, war buchstäblich nichts mehr von ihnen zu finden, nicht einmal Knochen und Haare. Das Rudel hatte dreihundert Pfund Fleisch verschlungen, versteckt und an die Welpen verfüttert. Noch tagelang brachten die Wölfe Futter aus ihren Vorratsverstecken zur Höhle, und die Jungen gediehen zusehends. Die Rinderherde war viele Kilometer weit fortgezogen, in die Nähe anderer Herden, die Kälber hatten. Am Tag nach dem Beutezug schliefen die Wölfe ungewöhnlich viel, und am folgenden Tag beobachteten wir eine auffällige Häufung überschwenglich freundlicher Sozialgesten. Man hatte gemeinsam ein großes Werk vollbracht, das man auf solche Weise feierte.

Ich für meinen Teil geriet in eine eher philosophische Stimmung. Ich hatte jahrelang mit allen Mitteln versucht, an Wölfe heranzukommen, und hatte doch, bevor mir dieser Glücksfall begegnete, nur selten einmal für kurze Momente ein Tier zu sehen bekommen. Und nun lebte ich praktisch mit einem Rudel zusammen und hatte eben eine der aufregendsten Erfahrungen, die ein Wolf kennt, ein höchst spannendes Erlebnis von elementarer Gewalt, mit diesen Tieren teilen dürfen. Für einen Menschen, der sein ganzes Leben versucht hat, das Wesen des Wolfs kennenzulernen, war jetzt wirklich keine Steigerung mehr denkbar.

Ich hatte sehr viele Videofilme gemacht, allerdings nicht von der Ochsenjagd, da meine Kamera zu dieser Zeit defekt war. Ich besaß auch eine Menge kostbarer Tonbandaufnahmen von meinem Rudel, die mich in die Zivilisation begleiten würden. Trotzdem, ich war traurig, als ich abreisen mußte. Ich hatte in diesem Sommer mehr Zeit mit Wölfen als mit Menschen zugebracht, die Tiere waren mir ans Herz gewachsen.

Es war mein letzter Tag bei den Wölfen, und ich beschloß, noch einige Aufnahmen von jedem der Tiere zu machen. Vielleicht würde ich einige von ihnen, vor allem Scruffy, niemals wiedersehen. Auf jeden Fall wollte ich im folgenden Jahr, im Sommer 1987, wiederkommen, obwohl ich noch keine Ahnung hatte, wo ich das Geld dafür hernehmen sollte.

Als ich bei meinem Beobachtungsplatz ankam, lagen sie alle in tiefem Schlaf auf dem Platz zweihundert Meter westlich der Höhle, den die erwachsenen Wölfe als Ruhequartier und die Jungen – auch dann, wenn das Rudel auf der Jagd war – als Spielplatz nutzten. Die Welpen halten sich, sobald sie etwa acht Wochen alt sind, fast nie im Inneren der Höhle auf, sondern auf solchen nahegelegenen Spiel- und Ruheflächen. Die Erwachsenen wissen immer, wo sie die Kleinen finden können, wenn sie mit Futter beladen zurückkommen.

Ich war ein bißchen enttäuscht, daß die Wölfe mich gar nicht zur Kenntnis nahmen. Ich hatte mir

Ein Welpe im Alter von sechs bis sieben Wochen beobachtet die Umgebung der Höhle.

vorgestellt, es könnte irgendeine Art von Abschied geben, ich hatte sogar phantasiert, daß ich die ergreifende Szene filmen würde. Aber natürlich hatten sie nichts dergleichen im Sinn – sie konnten ja nicht einmal wissen, daß ich fortging. Und außerdem: was kümmerte sie das? Nur Menschen haben das Bedürfnis, Abschied zu nehmen, wenn sie ihre Freunde verlassen müssen.

Der Wissenschaftler in mir kämpfte alle sentimentalen Anwandlungen nieder. Ich weckte die Tiere nicht, sondern hob meine Kamera und bannte noch einmal das friedlich schlafende Rudel auf meinen Film, einen nach dem anderen: Scruffy, Mom und Alpha, Lone Ranger, Mid-Back, Shaggy, Left Shoulder, die sechs Welpen, und dann die uralten, ehrwürdigen Hügel und das Tal, in dem diese Tiere lebten. Ich drehte mich um und ging weg, versuchte meine Gedanke dem neuen alten Leben unter Menschen zuzuwenden, das auf mich wartete. Ich schaute nicht zurück.

Mom und ein neugieriger Welpe im Alter von drei bis vier Wochen beschnüffeln ein Büschel Haare.

DAS WIEDERSEHEN

Als ich im folgenden Jahr wieder in den Norden reiste, fiel es mir schwer, meine Ungeduld zu beherrschen. Ich war schrecklich aufgeregt, der Kopf schwirrte mir von all den Fragen und Ängsten, die mich beschäftigten.

Ich war in den vergangenen zehn Monaten nicht untätig gewesen: Ich hatte mich im Rahmen wissenschaftlicher Arbeiten mit den Wölfen im Superior National Forest von Minnesota und im Denali National Park von Alaska befaßt, war als Berater an Projekten beteiligt gewesen, die sich zum Ziel setzten, den Rotwolf in North Carolina und echte Wölfe im Nordwesten von Montana heimisch bzw. wieder heimisch zu machen. Außerdem hatte ich einige ziemlich zeitraubende und anstrengende Pflichten beim Aufbau des International Wolf Center in Ely, Minnesota, übernommen. Ich schrieb für wissenschaftliche Publikationen und erledigte nebenbei noch all jene Arbeiten, die mir aus meinen Funktionen beim Eastern Timber Wolf Recovery Team und der IUCN/SSC International Wolf Specialist Group erwuchsen.

Ich hatte also nicht viel Zeit gehabt, mich über meine Wolfsfamilie in der Arktis grämen. Es fiel mir schwer, mir ein halbwegs realistisches Bild vom Leben des Rudels zu machen, das während dieser Zeit lange in totaler Finsternis sein Dasein fristen mußte. Ende September bricht ja in diesen Breiten der Winter ein, dann ist es Tag und Nacht dunkel. Ich hatte keine Vorstellung davon, wie die Wölfe diese Zeit überstehen, wo sie umherstreifen, wie sie jagen, wann sie aktiv sind. Wenn man weiß, wie bitter kalt es in diesem Teil der Welt viele Monate im Jahr ist, fragt man sich wirklich, wie die Tiere es schaffen zu überleben.

Im Büro und zu Hause waren sämtliche Wände mit Photos von meinen Wölfen geschmückt. Da war Alpha mit gesträubtem Nackenfell und starrte mich an, Scruffy heulte auf seiner Klippe, natürlich war auch Mom mit ihren Jungen da und die übrigen Tiere des Rudels in allerlei Posen. Eine ganze Serie von zwanzig Bildern rief täglich in mir die Erinnerung an die große Jagd wach, die unter den Moschusrindern so schrecklich gewütet hatte.

Die Bilder freilich boten nur einen schwachen Abglanz der Realität, und außerdem hatte ich auch oft den Kopf zu voll mit anderen Dingen, so daß ich nur selten Zeit fand, mit ganzer Seele in Erinnerungen an den vergangenen Sommer zu schwelgen. Intensiv beschäftigte ich mich in all der Zeit mit meinen Wölfen nur dann, wenn ich Freunden und Bekannten von meinen Erlebnissen erzählte.

Jetzt aber waren alle anderen Sorgen und Ablenkungen vergessen. Ich gehörte nun wieder ganz meinen Wölfen. Seit einigen Tagen – seit ich von Minnesota aufgebrochen war – kreisten alle meine Gedanken um das Rudel. Jedes der Tiere, die ich kennengelernt hatte, stand nun wie lebendig vor meinem geistigen Auge, und ich machte mir Sorgen. Das Rudel konnte jetzt aus dreizehn Tieren bestehen: die sieben Erwachsenen und dazu die sechs Welpen des letzten Sommers, die jetzt Jährlinge sein mußten und ungefähr so groß wie Scruffy im vergangenen Jahr.

Ich wußte, daß ich die Wölfe bei der Höhle finden würde, wenn nicht irgendein Unglück von katastrophalem Ausmaß das Rudel getroffen hatte. Anders als in weiter südlich gelegenen Regionen gab es hier weit und breit keine andere Höhle. Wenn das Rudel Junge hatte, so konnte es nur diesen Bau benutzen. Freilich – ganz tief in meinem Inneren wußte ich doch genau, daß dieses »Sie *müssen* da sein« in seiner fordernden Strenge keiner anderen Logik als der des Wunschdenkens entsprang.

Immerhin waren meine Hoffnungen doch auch

nicht völlig aus der Luft gegriffen. Ich hatte oft Knochen gefunden, die von Beutetieren aus sehr alter Zeit stammen mußten, was mir bewies, daß schon viele Generationen von Wölfen hier gelebt hatten. Ich habe einige dieser Knochen mit Funden aus Fort Conger im Nordwesten von Ellesmere Island verglichen. Dort hatte Greely seinen ersten arktischen Winter verbracht, und später hatte auch Perry dort gelebt. Die Knochen, die vor meiner Höhle gelegen hatten, hatten älter ausgesehen – sie mußten mindestens hundert Jahre alt sein. Konnte dies wirklich wahr sein? Um meine Zweifel zu beheben, ließ ich einen Knochen, der von einem Moschusochsen stammte und den ich in der Nähe der Höhle ausgegraben hatte, mit Hilfe der Radiokarbonmethode untersuchen. Das Labor bestimmte das Alter auf 70 Jahre.

Wie im Vorjahr war ich auch diesmal bei meinem ersten Besuch allein. Es sollte aber später ein Filmteam vom Fernsehen nachkommen. Ich hatte lange geschwankt und gezögert, war aber schließlich zu dem Ergebnis gekommen, daß wir die Medien unmöglich auf Dauer von unseren Wölfen fernhalten könnten. Unter den gegebenen Umständen schien es mir das kleinere Übel zu sein, wenn Jim und ich die Sache selbst in die Hand nähmen, weil wir besser als irgendwelche fremden Filmleute mit den Wölfen umzugehen wußten. Nach einer Weile, so hoffte ich, würde dann das Interesse der Medien abklingen, und ich hätte dann wieder meine Ruhe und könnte meine Arbeit fortsetzen.

Natürlich war klar, daß ich einen Teil dieses Sommers der Filmarbeit opfern mußte und nicht in völliger Freiheit meinen wissenschaftlichen Interessen nachgehen konnte. Wir hatten einen Vertrag mit National Geographic Television und der BBC abgeschlossen. Meine Aufgabe bestand darin, die Situation auszukundschaften und sicherzustellen, daß das Team auch wirklich etwas vorfand, das man filmen konnte. In den ersten Tagen hatte ich auch das Filmen selbst zu übernehmen; wir wollten Nahaufnahmen von den Welpen haben, solange sie noch ganz klein waren – vielleicht drei Wochen alt – und gesäugt wurden. Das Filmteam sollte erst später eintreffen, wenn die Jungen schon größer und deutlich verändert waren, und so lange wollte ich nicht warten, zumal auch das Risiko bestand, daß zu dieser Zeit die Jungen bereits entwöhnt waren. Im übrigen ist es immer eine schwierige Sache, Aufnahmen beim Säugen zu machen, es war also besser, wenn ich in dieser Phase allein arbeitete.

Als ich mich dem Hügel südlich der Höhle näherte, kamen mir zwei ausgewachsene Wölfe, offenbar ein bißchen aufgeregt, entgegen. Ein hochgewachsenes, weißes Männchen ging freundlich direkt auf mich zu. Wer konnte das sein? Etwa Scruffy, der verspielte, graue Jährling in neuem Fell und von gereifter Wesensart? Das andere Tier, ein Weibchen mit grauem Rückenfell, war weniger zutraulich. Sie bellte ein paarmal und fing an zu heulen. Das Männchen ging zu einem alten Rinderskelett hinüber, hob das Bein und urinierte und erleichterte dann auch gleich seine Därme.

Ich war ein bißchen verunsichert. Ich sah am Benehmen der Wölfe, daß sie mich wiedererkannten. Aber erkannte ich sie wieder? Ich kam mir vor wie einer, der unter lauter fremden Leuten einen alten Freund sucht, von dem er nicht weiß, ob der vielleicht in den vergangenen Jahren eine Glatze, einen Bart, einen Bauch bekommen hat.

Plötzlich schoß aus der Höhle ein winziger, dunkler Welpe und steuerte auf das Weibchen zu. Dann bemerkte es mich, bekam Angst und verschwand eilig wieder im Bau. Ich sah ein, daß ich mich hüten mußte, die Dinge zu überstürzen. Ich mußte zuerst das alte Vertrauensverhältnis mit den erwachsenen Tieren wiederherstellen.

Alles in allem war ich erleichtert darüber, daß die Wölfe mich noch kannten, und war glücklich, daß es wieder Junge gab. Wir würden also unsere Beobachtungen fortsetzen können und Stoff genug für den Film finden.

Im Sommer 1986 hatte ich mir umfangreiche Notizen zu jedem einzelnen Tier gemacht, hatte genau körperliche Merkmale, aber auch alle Eigenheiten im Verhalten festgehalten, von denen anzunehmen war, daß sie von einer gewissen Dauer sein könnten. Um alle derartigen Kennzeichen wiederzufinden, mußte ich allerdings die Tiere von verschiedenen Seiten, in verschiedenen Situationen genauer beobachten können, mußte auch die Möglichkeit zum Vergleich zwischen einzelnen Mitgliedern des Rudels haben. Auf diese Weise lernte ich dann mit der Zeit auch tatsächlich wieder die Tiere kennen und ließ mich nicht länger von zufälligen, temporären Merkmalen irreführen wie etwa

Mom und zwei ihrer Welpen kommen näher und nehmen die Kamera in Augenschein. Einer dieser Welpen wird sich dann über die Schnürsenkel des Autors hermachen.

dem Aussehen und der Farbe des Fells, das sich beim jahreszeitlich bedingten Haaren ändert, von einer frischen Verletzung oder der jeweiligen Gestalt der »Gesichtsmaske«.

Diese maskenartigen dunklen Flecken auf der Schnauze waren mir schon im Jahr davor rätselhaft gewesen. Am auffälligsten ist die Maske bei den Männchen ausgeprägt. Die Form des schmutzig dunklen Flecks auf dem Schnauzenrücken und seitlich davon veränderte sich im Lauf der Zeit. Vielleicht war es einfach Erde – war es denkbar, daß ein Wolf auf der Jagd nach Lemmingen die Schnauze in ein Erdloch steckte? Ich hatte allerdings nie etwas derartiges beobachten können. Nur einmal hatte ich das Rudel Lemminge jagen sehen, aber sie hatten damals erst suchend herumgeschnüffelt und dann aufgeregt mit den Pfoten zu graben begonnen. Und es waren häufiger die Weibchen als die Männchen gewesen, die diese Arbeit übernahmen. Die wahre Erklärung für dieses Phänomen fand ich erst im Sommer 1987, und zwar durch einen glücklichen Zufall.

Das Wiedererkennen der Wölfe war nicht zuletzt deswegen schwierig, weil die Welpen, die jetzt Jährlinge sein mußten, sich mit Sicherheit völlig verändert hatten. Die Welpen vom letzten Sommer waren also gewiß nicht identifizierbar, oder höchstens in der Weise, daß sie als Unbekannte übrigblieben, wenn alle anderen Tiere identifiziert waren. Ich konnte auch nach Zeichen jugendlichen Alters suchen, etwa auffällig scheues oder im Gegenteil zutrauliches Benehmen, etwas kleinere Statur, flaumiges Fell, unterwürfiges Verhalten usf.

Scruffy war ein Problem für sich. Er war im vorigen Sommer ein Jährling gewesen, erkennbar an der Haltung beim Urinieren, an seiner untergeordneten sozialen Position im Rudel und seiner Verspieltheit, die sich besonders im Umgang mit den Welpen äußerte. Er unterschied sich von den anderen, völlig weißen Männchen durch sein graues Fell, von den Weibchen, die ähnlich grau waren, durch seine höhere Statur.

Ich stellte mir vor, daß die Ähnlichkeit mit den Weibchen in der Färbung dadurch zustandekam, daß Scruffy noch relativ wenig männliche Hormone entwickelt hatte, weil er noch nicht ganz ausgewachsen war. Auch in anderer Hinsicht sind ja die jungen Rüden oft den Weibchen ähnlich, so etwa in der kauernden Haltung beim Urinieren. Nun, da Scruffy ein Jahr älter war, mußte er demnach jetzt ein weißes Fell wie die übrigen Männchen haben.

Zu bedenken war ferner, daß Scruffy sich nicht nur äußerlich, sondern auch in seinem Charakter verändert haben mochte. Vielleicht war er ein scheues Tier geworden und weniger verspielt und neugierig als früher. Vielleicht aber war er überhaupt nicht mehr da. Wenn Wölfe ihr Rudel verlassen, so tun sie es am häufigsten als Jährlinge. Die Wahrscheinlichkeit, daß Scruffy nicht mehr bei diesen Wölfen lebte, war relativ groß.

Als ich mich zum erstenmal der Höhle genähert hatte, wußte ich wirklich nicht im mindesten, wer die zwei Wölfe waren, die mir begegnet waren. Später fand ich heraus, daß der große weiße Rüde, der sich so freundlich benahm, Alpha gewesen sein muß. Ich weiß bis heute nicht, wer die Wölfin war.

Ich hielt mich in Sichtweite der Wölfe bei der Höhle auf, um ihnen zu zeigen, daß ich ungefährlich war. Ich sah während dieser Zeit noch zweimal den Welpen. Der erwachsene Wolf zeigte keinerlei Beunruhigung, und auch das Weibchen beruhigte sich zusehends. Nach einigen Stunden ging ich fort, ich wollte die Geduld der Tiere nicht allzu sehr strapazieren.

Der nächste Tag verlief spannend. Bei der Höhle kamen sechs ausgewachsene Wölfe zu mir her, und ich zählte fünf Welpen, etwa drei bis vier Wochen alt. Ich erkannte nur den Leitwolf und Mom mit Sicherheit wieder, aber auch die übrigen Tiere zeigten keine Scheu. Vermutlich waren auch Jährlinge darunter, die mich hauptsächlich deswegen hier duldeten, weil sie aus dem Verhalten der Eltern schlossen, daß ich ungefährlich sei.

Nach diesem Prinzip schienen auch die Welpen zu verfahren. Die Jungen im vergangenen Sommer waren bei meiner Ankunft etwa fünf Wochen alt gewesen, sie waren nie so zutraulich geworden wie die Alten. Diese Welpen nun schienen zahmer – sie waren auch noch etwas jünger. Wie zahm sie waren, das sollte sich bald zeigen.

Da ich sah, daß die allgemeine Stimmung ruhig und friedlich war, beschloß ich die Gunst der Stunde zu nutzen und gleich mit den Dreharbeiten zu beginnen. Ich baute mich also mit Kamera und Stativ knappe zwanzig Meter vor der Höhle auf, in

Im zweiten Sommer gab es Welpen, die erst drei bis vier Wochen alt waren und noch gesäugt wurden.

der Hoffnung, daß Mom demnächst die Jungen säugen würde. Bald bemerkte mich Mom und kam herüber, zwei ihrer Kleinen im Schlepptau. Sie hatte das Bedürfnis, sich von meiner Harmlosigkeit zu überzeugen, und so schlich sie denn eine Weile mißtrauisch schnüffelnd um mich herum. Einer der Welpen dagegen entschied sich für eine direktere Methode des Kennenlernens: er tappste geradewegs über Buckel und Hügelchen auf mich zu bis zu meinen Stiefeln.

Es war das hübscheste Wolfsjunge, das mir jemals begegnet ist. Die Ohren waren noch ziemlich rund, die Schnauze stumpf, die Beine kurze Stummelchen. Dieser süße Knirps hielt offenbar den Teil der Welt, den er hier eben entdeckt hatte, durchaus einer weiteren Erforschung für wert. Die glatte Oberfläche des Stiefels interessierte ihn, mehr noch aber faszinierten ihn die Schnürsenkel, deren Enden herunterhingen. Er schnappte danach und zerrte: sie gaben nach. Der Welpe zog und zerrte weiter, bis es ihm schließlich gelang, die Schleife zu lösen.

Am Anfang meines Aufenthalts kam es noch manchmal vor, daß einzelne Jährlinge, wenn die älteren Tiere nicht in der Nähe waren, sich durch mich irritiert fühlten. Sie bellten mich dann an oder heulten, aber das legte sich bald, und sie gewöhnten sich an mich. Im Lauf der Zeit verließen diese Jährlinge einer nach dem anderen das Rudel, wie ich erwartet hatte, und es blieben die sechs erwachsene Wölfe, die ich vom Vorjahr her kannte, und die fünf Welpen übrig. Scruffy aber blieb verschwunden, er hatte offenbar das Rudel verlassen.

Im Lauf des Sommers – das Erscheinungsbild meiner sechs alten Bekannten war mir inzwischen längst wieder vertraut – tauchte eines Tages ein siebter Wolf auf, der dem Scruffy des Vorjahrs sehr ähnlich war. Er war auch ebenso zutraulich. Es zeigte sich aber an der kauernden Haltung des Tiers beim Urinieren, daß es sich um ein Weibchen handeln mußte. Diese Wölfin war wohl eines der Jungen vom Sommer 1986, das zum Rudel zurückgekehrt war. Ich sah sie den ganzen August hindurch öfter kommen und gehen. Die übrigen Jährlinge aber blieben verschwunden.

Ein ca. vier Wochen alter Welpe beäugt den Autor.

Mom mit ihren Welpen in einer vergnügten Mußestunde.

AUF DER JAGD

Die Dreharbeiten gingen ohne Probleme voran, die Wölfe erwiesen sich als sehr kooperative Darsteller. Es war natürlich von großem Vorteil, daß ich bereits Erfahrung mit diesem Rudel hatte. Ich wußte immer ziemlich genau, was ich riskieren konnte und was nicht. Es kam manchmal war, daß ich direkt vor dem Höhleneingang lag, um mich herum spielten die Jungen, und Mom hatte offenbar nichts dagegen. Oft hielten sich die Jungen ganz nah bei mir auf – ich hätte sie mit ausgestrecktem Arm erreichen können –, während Mom wenige Meter daneben stand. Das Vertrauen des Rudels zu mir wuchs, und das erleichterte meine Arbeit sehr. Sie ließen sich fast alles von mir gefallen.

Nun wollte ich aber auch noch einmal das Rudel bei der Jagd beobachten, und das war nach wie vor schwierig. Wenn ich versuchte, die Wölfe auf ihren Streifzügen zu begleiten, so kostete mich das enorm viel Zeit – wertvolle Zeit, weil ich dann all das, was sich vor der Höhle abspielte, versäumen mußte. Aber es half nichts, das mußte ich in Kauf nehmen.

Ich war 1986 und 1987 schon etliche Male, mehr oder weniger zufällig, Zeuge von Begegnungen der Wölfe mit Moschusochsen geworden. Allerdings waren nur selten alle Umstände einigermaßen günstig gewesen: Entweder war die Jagdgesellschaft zu klein gewesen, oder ich hatte aus verschiedenen Gründen die Jagd nicht von Anfang bis Ende verfolgen können. Außerdem waren alle diese Unternehmen bis auf die große Jagd, die ich oben ausführlich beschrieben habe, erfolglos geblieben.

Daß die Beute entkommt, ist natürlich keineswegs ungewöhnlich, es ist vielmehr eher die Regel als die Ausnahme, und zwar unabhängig von der Tierart, auf die ein Rudel Jagd macht.

Aus meiner eigenen Arbeit auf der Isle Royale gibt es Beobachtungen zu diesem Problem. Dort ist das wichtigste Beutetier der Elch. Nun ist der Elch ein riesengroßes Tier, trotzdem zeigte sich, daß es für die Wölfe gar nicht leicht war, ihre Beute auch nur aufzuspüren. In den dichten Wäldern können sich die Wölfe bei der Suche nur auf ihre Witterung verlassen. Wenn der Wind ungünstig steht, so können sie oft auch Elche, die relativ nahe bei ihnen stehen, nicht bemerken.

Das Problem der Wölfe ist dies: Sie müssen einen Elch finden, ihn erlaufen, seinen Widerstand brechen – ein solches Tier ist sehr groß und stark, es ist aggressiv und ausdauernd – und ihn töten, ohne selbst verletzt zu werden. Sie begegnen all diesen Schwierigkeiten damit, daß sie erstens sehr weite Wege gehen, sie kämmen praktisch die ganze Insel durch; zweitens verfolgen sie *jeden* Elch, dem sie begegnen, und geben die Jagd auf, wenn sie merken, daß er zu schnell, zu ausdauernd oder zu stark für sie ist. Als Resultat meiner Studien war festzustellen: Nur relativ wenige Tiere, nämlich die, die alt, krank, durch Unterernährung oder Parasitenbefall geschwächt, verletzt oder sonst aus irgendeinem Grund gehandikapt sind, werden erlegt und aufgefressen. So wurden nur 6 von 131 Elchen getötet.

Die Hauptbeute unserer Polarwölfe sind Moschusochsen und Hasen, und diese Tiere können nur dann genügend Nahrung finden, wenn sie weit umherwandern. In den öden Weiten ist keine Tierart so zahlreich vertreten, daß besonders viele Wölfe davon leben könnten. Ich hatte einmal Gelegenheit, in einem Militärhubschrauber mitzufliegen, und konnte mir dabei einen Überblick über die Gesamtzahl von Moschusochsen machen, die im Revier meiner Wölfe lebten. Ich kam bei meiner Rechnung auf einen Ochsen pro zwölf Quadratkilometer.

Man muß aber bedenken, daß die Moschusrinder sich ja keineswegs gleichmäßig über die Fläche verteilen, sie leben vielmehr in Herden von maximal dreißig Tieren. Wenn man nun annimmt, daß die Herden im Durchschnitt nur zehn Tiere umfassen, so muß man bereits von einer Fläche von hundertzwanzig Quadratkilometer ausgehen, die ein Wolfsrudel absuchen muß, um seine Beute zu finden.

Ein weiteres Problem für die Wölfe besteht darin, daß die Rinder dauernd umherwandern, um genügend Weidefläche zu finden. Eine Herde, die gestern noch an einer bestimmten Stelle gegrast hat, kann heute schon viele Kilometer weit weg sein. Die Wölfe können also nie »wissen«, wo sie Rinder finden werden. Sie können ihre Beute nicht zielbewußt auf dem kürzesten Weg ansteuern, sondern müssen aufs Geratewohl ins Blaue ziehen, bis sie zufällig auf Beutetiere stoßen.

Am 31. Juli 1987 sah es so aus, als ob die Wölfe zu einer solchen Jagdexpedition aufbrechen wollten. Ich war gerade bei unserem Zelt, das etwa vierhundert Meter von der Höhle entfernt stand, damit beschäftigt, das Frühstück zu machen, als Jim, der in den frühen Morgenstunden bei den Wölfen geblieben war, von seiner Wache zurückkam.

Er war ziemlich aufgeregt. »Irgend etwas ist los!« sagte er. »Sie haben die ganze Nacht hindurch geschlafen und sind dann aufgebrochen, nach Norden. Ich glaube, heute ist es ihnen ernst.«

Wir beschlossen also, dem Rudel zu folgen. Mir war es aus mehreren Gründen wichtig, möglichst oft die Wölfe auf der Jagd zu begleiten. Erstens hoffte ich so genauer zu erfahren, wie die Tiere auf dieser Insel mit einer derart geringen Wilddichte überleben können. Zweitens wollte ich auch verschiedene Details der Jagd selbst studieren, welche Entfernungen das Rudel zurücklegt, welche Gegenden es aufsucht etc. Drittens aber brauchten wir für unseren Film auch Aufnahmen von Jagden, und zwar so viele wie möglich. Denn nur so hatten wir eine gewisse Chance, auch einmal eine wirklich gelungene Aktion auf den Film zu bekommen, eine, in der es den Wölfen gelang, ihre Beute zu erlegen. Das sollte einer der großen Höhepunkte unserer Fernsehserie werden.

Ich hatte im vorigen Sommer ganz unverschämt viel Glück gehabt, als eine Herde von vierzehn Moschusochsen, darunter drei Kälber, bis auf anderthalb Kilometer an die Höhle herangekommen war und ich so Gelegenheit hatte, unter idealen Bedingungen Zeuge einer erfolgreichen Jagdpartie zu werden. Mir war klar, daß man solche Glücksfälle nicht künstlich herbeiführen kann – man kann nur warten und dafür sorgen, daß man die rechte Stunde nicht verpaßt. Ich mußte es nur genauso machen wie die Wölfe: Immer und immer wieder auf Jagd gehen und die Geduld nicht verlieren; irgendwann mußte es klappen.

In den zwei arktischen Sommern war es mir einige Male gelungen, Begegnungen der Wölfe mit Moschusochen zu beobachten, aber sie waren unblutig verlaufen. Beim ersten dieser Zusammentreffen, das war am 9. Juli 1986, war ich noch sehr enttäuscht gewesen. Ich hatte damals am späten Abend fünf Wölfe des Rudels bei der Hasenjagd beobachtet. Plötzlich bemerkten sie eine Gruppe von drei Moschusochsen, die in etwa achthundert Meter Entfernung auf dem buckligen Gelände weideten. Die Wölfe waren offensichtlich erregt. Sie liefen sofort auf die Rinder zu.

Es gibt kein heimliches Anschleichen in dieser Gegend, die karge Vegetation bietet einfach zu wenig Deckung. Immerhin scheint es doch so, als ob die Wölfe, wenn sie eine Herde im Visier haben, eine typische Art der Fortbewegung annehmen, die man durchaus als Schleich- oder Pirschgang charakterisieren könnte. Sie bewegen sich nur langsam und bedächtig und lassen die Rinder nicht aus dem Auge. Vermutlich machen sie sich dabei ein genaues Bild der Lage und halten Ausschau nach Tieren, die ein Stück abseits der Herde stehen und deswegen mehr als andere verwundbar sind. Vielleicht versuchen die Wölfe dabei auch, besonders schwache Individuen zu entdecken, Kälber etwa oder verletzte Tiere.

Die Moschusochsen bemerkten die Angreifer, als diese ungefähr hundert Meter entfernt waren. Sie schienen aber nicht im geringsten beunruhigt. Die Wölfe legten sich ins Gras, während die Rinder nur zehn bis zwanzig Meter vor ihnen weitergrasten. Keine der beiden Gruppen schien sich für die andere zu interessieren.

Nur eine große Herde von Moschusochsen, mindestens zwanzig Tiere, bringt bei der Verteidigung einen geschlossenen Ring zustande. Ich selbst habe immer nur Halbkreise und Linien gesehen. Selbst wenn es bloß zwei oder drei Rinder

Mom und Alpha halten auf dem Felsen oberhalb der Höhle Wache.

sind, die angegriffen werden, drängen sie sich eng aneinander und bieten dem Feind die Stirn. In dieser Formation wird der verletzbare Rumpf optimal gegen Angriffe gedeckt.

Ich weiß nicht, was die Wölfe in dieser kalten Nacht genau vorhatten. Es sah ganz so aus, als wollten sie sich schlafen legen. Möglicherweise war es ihre Absicht, die Herde in dauernder Spannung zu halten, bis endlich der einen oder anderen Partei die Geduld ausginge. In diesem Fall arbeitete die Zeit für die Moschusochsen. Irgendwo am Horizont zeigte sich nach einer Weile ein Hase, und einer der Wölfe lief fort und jagte ihn; ihm folgten noch zwei Wölfe. Bald waren die drei ernsthaft damit beschäftigt, den Hasen zu fangen.

Während sie sich so ohne Erfolg abhetzten, stand noch ein Tier des Rudels auf und beteiligte sich. Der letzte Wolf, der jetzt noch bei der Herde war, schlief weiter. Nach zwanzig Minuten gab auch dieses Tier die Belagerung auf, und die Moschusochsen konnten in Frieden weitergrasen. Ich war sehr enttäuscht darüber, daß sich so wenig ereignet hatte. Trotzdem – ich hatte etwas dabei gelernt: Beide Tierarten verhalten sich ökonomisch richtig und vermeiden unnötige Kraftakte, die nur Energie kosten; sie erzwingen nichts, sondern warten einfach ab, bis die Bedingungen günstiger sind.

Die Kameraleute vom Fernsehen und ich beobachteten einmal eine ähnliche Begegnung von zwei Männchen des Rudels mit einer Herde von acht Moschusrindern. Wir standen auf der Kuppe eines langgestreckten Hügels und erblickten auf einer kleinen Hochfläche anderthalb Kilometer vor uns die Herde in Verteidigungsstellung. Zwischen uns und der Szene des Geschehens lagen Hügel, die die beiden Seiten der Hochfläche verdeckten und nur in der Mitte freien Blick boten. Es war, als säße ich in der Loge eines gigantischen Theaters, vor mir, auf erhöhter Bühne, die Moschusochsen. Sobald mir klar wurde, daß die Ochsen in Verteidigungslinie standen, wußte ich, daß Wölfe in der Nähe sein mußten.

Wir suchten also die Gegend ab und entdeckten auch bald zwei Männchen aus unserem Rudel, die hundert Meter vor der Herde im Gras lagen. Ich gebe im folgenden den Ablauf des Geschehens so wieder, wie ich ihn in meinen Aufzeichnungen notiert finde.

10.15 Uhr – Ein Wolf steht auf, geht in einem Bogen westlich und nördlich um die Herde herum und nähert sich von Norden her. Die Rinder drängen sich enger zusammen. Es sind sieben erwachsene Tiere und ein Kalb.

10.18 Uhr – Ein Ochse legt sich hin.

10.20 Uhr – Ein Wolf geht um die Herde herum auf die nördliche Seite.

10.25 Uhr – Zwei Moschusochsen legen sich hin.

10.32 Uhr – Ein Wolf nähert sich der Herde von Süden bis auf dreißig Meter und geht dann um sie herum auf die nördliche Seite.

10.33 Uhr – Alle Rinder liegen jetzt.

10.34 Uhr – Die Wölfe geben auf und ziehen ab, zuerst nach Norden, dann nach Osten.

10.50 Uhr – Das Kalb steht auf.

10.54 Uhr – Alle Tiere liegen. Die Wölfe sind jetzt zwei Kilometer östlich der Herde.

11.04 Uhr – Die Wölfe verschwinden etwa anderthalb Kilometer östlich von uns. (Wir stehen etwa achthundert Meter östlich von den Rindern.)

11.12 Uhr – Die Rinder liegen immer noch.

11.39 Uhr – Ein Ochse steht.

11.45 Uhr – Das Kalb steht auf und legt sich nach einer Minute wieder hin.

11.46 Uhr – Zwei ausgewachsene Tiere stehen.

11.50 Uhr – Ein großer Ochse geht dreißig Meter in nördlicher Richtung bis auf eine kleine Erhebung, er schaut umher und legt sich dann hin.

12 Uhr – Die Herde macht sich auf den Weg fort von der Hochfläche.

12.13 – Die Herde grast ein Stück unterhalb. Wir beenden die Beobachtung.

Das sind sicher keine spektakulären Ereignisse. Sie zeigen uns aber immerhin, daß der Eindruck, den die Wölfe bei den Moschusochsen hinterlassen, nicht gering einzuschätzen ist: Nach dem Verschwinden der Angreifer dauerte es noch fast zwei Stunden, bis die Rinder wieder zu weiden begannen.

Ein anderes Mal beobachtete ich, wie zwei Wölfe einem Moschusochsen begegneten, der zufällig in der Nähe des Ruheplatzes bei der Höhle vorbeikam. Mom war gerade mit einem Stück Beute unterwegs, für das sie offenbar ein geeignetes Versteck suchte. Sie ging über eine niedrige Erhebung und stand plötzlich direkt vor dem Ochsen. Sie blieb überrascht stehen und schaute.

Der Autor füttert einen Jaegervogel mit Brotkrumen.

Einige Sekunden lang starrten die beiden Tiere einander über dreißig Meter hin an. Dann ging der Ochse ruhig weiter, und Mom wandte sich wieder ihrem Stück Fleisch zu.

Nun kam aber ein Jährling, der Mom nachgelaufen war, hinzu. Mom hatte offenbar irgendwie gespürt, daß mit dem Ochsen nicht zu spaßen war. Der Jährling dagegen – vielleicht war er einfach noch sehr unerfahren – lief ganz unbekümmert auf den Ochsen zu. Der war indes nicht gewillt, sich eine solche Unverschämtheit gefallen zu lassen, und ging sofort in Angriffsstellung. Der junge Wolf verstand die Lektion und ließ ihn in Ruhe.

Ein andermal wurde ich zwar nicht eigentlich Zeuge einer Begegnung von Rindern mit Wölfen, konnte aber doch wenigstens das Verhalten der Tiere kurz nach dem Zusammentreffen beobachten. Ich flog in einem Hubschrauber über eine Gegend mehr als zwanzig Kilometer von der Höhle entfernt. Plötzlich sahen wir drei Wölfe über und über mit Schlamm bedeckt, in einer sumpfigen Niederung dahinlaufen. Gut einen Kilometer entfernt war eine Herde von acht Moschusochsen zu erkennen, die ganz offensichtlich in einiger Eile von den Wölfen fortstrebte. Ich hatte den Eindruck, daß kurz vorher eine größere Auseinandersetzung zwischen den beiden Parteien stattgefunden haben mußte und daß die Wölfe unterlegen waren.

Nach all diesen und ähnlichen Erlebnissen war ich verständlicherweise nicht übertrieben zuversichtlich, als wir uns an jenem 31. Juli an die Fersen der Wölfe hefteten. Da wir wußten, daß eine solche Jagd eine recht langwierige Angelegenheit werden kann, packten wir in aller Eile Proviant und warme Kleidung zusammen und tankten unsere Fahrzeuge auf. Dann machten wir uns auf den Weg, den Wölfen nach. Sie hatten schon etwas mehr als eine halbe Stunde Vorsprung.

Wir hatten uns folgende Strategie ausgedacht, das Rudel zu finden: Wir wollten – soweit das Gelände es eben zuließ – geradeaus in die Richtung fahren, die das Rudel eingeschlagen hatte. Ab und zu wollten wir dann kurz anhalten und die Gegend mit den Ferngläsern absuchen. Da die Wölfe bereits schätzungsweise fünf bis sechs Kilometer Vorsprung hatten und das Gelände mit all seinen Bergen und Hügeln nicht besonders übersichtlich war, mußten wir alles daransetzen, die Tiere möglichst schnell zu entdecken, um nicht den Anschluß zu verlieren. Sobald wir sie im Blick hatten, brauchten wir nur mehr hinterherzufahren – vielleicht zeichnete sich ihre Route sogar so deutlich ab, daß wir ein Stück vorausfahren und uns auf die Lauer legen konnten.

Die ersten Etappen dieser Tour erwiesen sich als reichlich hart. Der Weg führte durch hügeliges Gelände, quer durch etliche Täler und tiefe Einschnitte. Schließlich aber gelangten wir auf die kiesige, ebene Kuppe eines langgestreckten, niedrigen Bergrückens, die ein flottes Tempo zuließ. Wir hielten öfters an und suchten die Gegend links von uns ab, wo wir die Wölfe vermuteten. Endlich entdeckten wir das Rudel, das zwei Kilometer entfernt eben in einem Taleingang verschwand. Mom war nicht bei der Gruppe, sondern zur Höhle zurückgekehrt, um auf die Welpen aufzupassen.

Wir nahmen die Verfolgung auf und steuerten zuerst auf einen Berg zu. Wir hofften von dort oben das Rudel wieder zu sehen. Ich war ziemlich aufgeregt; nun, da wir unsere Fährte gefunden hatten, war ich vom Jagdfieber gepackt.

Es dauerte länger, als ich gedacht hatte, bis wir den Gipfel erreichten. Der Weg war doch recht steil und schwierig. Als wir es endlich geschafft hatten, konnten wir in der Ferne das Rudel ausmachen. Es bewegte sich über eine weite Hochebene, die von einigen tiefen Tälern durchschnitten wurde. Es gab auch etliche seichte Tümpel dort. Wenn es uns nicht gelang, möglichst schnell den Anschluß zu finden, konnten die Wölfe uns sehr leicht in einem jener Täler verlorengehen.

Ein Stück weiter draußen, etwa neun Kilometer entfernt, entdeckte ich eine Herde von vielleicht acht Moschusochsen, die dort weideten. Die Wölfe steuerten direkt darauf zu, sie waren jetzt noch drei Kilometer entfernt. Wir saßen auf unserem Berggipfel und überlegten fieberhaft, wie wir am schnellsten und einigermaßen sicher den steilen Weg hinunter und zu der Herde kommen konnten. Vielleicht würden wir es nicht mehr rechtzeitig schaffen – versuchen mußten wir es auf jeden Fall!

Wir kamen schnell vorwärts, aber es war trotzdem schon zu spät. Die Moschusochsen waren bereits geflüchtet, der Kampf – wenn ein solcher stattgefunden hatte – beendet. Auch die Wölfe waren verschwunden. Wir beschlossen uns zu trennen und die Gegend abzusuchen. Das war nicht leicht, weil es keine größeren Erhebungen gab, von denen aus man einen weiteren Überblick hatte. Immerhin, wir waren motorisiert und konnten uns über Sprechfunk verständigen. Es bestand noch kein Grund zur Verzweiflung. Eine Viertelstunde lang suchten wir ohne Erfolg.

»Auf der steilen Böschung östlich des Flusses!« kam es plötzlich aus meinem Funkgerät. Jim hatte sie gefunden! Ich fuhr sofort in die Richtung, in der er verschwunden war, kam zu dem Flüßchen, fand nach längerem Suchen endlich auch einen Weg, auf dem ich zur Böschung hinauf gelangte.

Und da sah ich sie. Die fünf Wölfe liefen gerade eine sanfte Steigung hinauf, und da standen drei Moschusochsen, zwei große und ein kleinerer, offensichtlich zum Kampf entschlossen. Jim hatte seine Kamera aufgebaut und drehte bereits. Es war freilich noch nichts Aufregendes, was er in seinem Sucher sah: Die Wölfe gingen auf die drei zottigen Ungeheuer zu und legten sich hin.

Der kleinere der Ochsen hatte sich zwischen die beiden anderen gezwängt. Die Rinder standen nun einfach da und schauten etwas gelangweilt drein - - ebenso die Wölfe, und ebenso der Mann hinter der Kamera. Ich kam nicht näher, um diese rührende Szene nicht zu stören – ich war dort auch ganz überflüssig. Mit Hilfe des Fernglases beobachtete ich den Lauf der Dinge, in der Hoffnung, neue Erkenntnisse für meine wissenschaftliche Arbeit zu gewinnen. Ähnlich wie in anderen Fällen ließ sich die Sache auch hier ganz harmlos an.

Nach einer Weile erhoben sich einige Wölfe, und die Rinder scharrten nervös mit den Hufen. Sie waren ja nur zu dritt, konnten also keine Formation bilden, in der die Rückseite gegen Angriffe gedeckt war. Dies schienen auch die Wölfe zu wissen: Sie versammelten sich auf der Rückseite – die Rinder warfen sich herum. So ging das Spiel eine Weile weiter: Immer wieder wechselten die Wölfe die Seite, immer wieder drehten sich die Moschusochsen. Schließlich gerieten sie in Panik und machten einen Fluchtversuch – die Wölfe hinterher. Jedesmal wenn ein Wolf nach den Hinterbeinen eines Ochsen schnappte, blieben die Rinder stehen und drängten sich in Verteidigungsstellung aneinander. Sie schienen genau zu wissen, wann die Wölfe zu nahe waren. Vielleicht reagierten sie auf das Geräusch der zuschnappenden Kiefer – Tatsache ist jedenfalls, daß auch der Vorderste in der Gruppe sofort stehenblieb, sobald das hinterste Tier attackiert wurde.

Die Jagd ging auf diese Weise von 12.45 bis 13 Uhr weiter. Die Ochsen versuchten immer, solange irgend möglich in geschlossener Formation die Stellung zu halten, oft vor einem Felsen oder einer anderen Erhebung, die ihnen den Rücken deckte – die Wölfe dagegen unternahmen alles, um die Rinder nicht zur Ruhe kommen zu lassen. Einmal versuchte das Rudel auch, offen in die stehende Gruppe einzubrechen, aber einer der großgewachsenen Ochsen brachte die Wölfe schnell wieder zur Vernunft. Mit der Zeit schienen sie müde und weniger angriffslustig zu werden. Ich glaube nicht, daß es ihnen gelungen war, eines der Beutetiere zu verletzen. Sie hatten nichts zwischen die Zähne bekommen als Büschel von langen, zottigen Haaren. Die Wölfe kämpfte noch einigen Minuten lang, dann legten sich alle auf einem kleinen Hügel oberhalb der Rinder nieder und schliefen. Die Moschusochsen waren ziemlich erschöpft sie atmeten in kurzen Stößen und mit heraushängenden Zungen. Sie blieben fünfzig Meter entfernt vom Rudel stehen, unruhig und eng aneinandergedrängt.

Nach einer Weile entschlossen sie sich, die Gegend zu verlassen. Sie setzten sich, erst langsam und verstohlen, dann mit beschleunigtem Tempo, in Bewegung. Die Wölfe bemerkten das, und Alpha lief ihnen zusammen mit Mom ein Stückchen nach. Aber es war ihnen nicht wirklich ernst damit, sie gaben es schnell wieder auf und kamen zurück. Das Rudel erholte sich nun eine Weile.

Wir machten ebenfalls Pause. Unser Mittagessen bestand aus trockenem Müsli mit Rosinen, Sonnenblumenkernen, Nüssen und ähnlich leichten, aber überaus nahrhaften Dingen. Es war nicht gerade ein Menü für ausgemachte Feinschmecker, aber man muß sich eben den Umständen anpassen.

Wenn wir »zu Hause« bei unserem Zelt waren, kochten wir normalerweise zweimal am Tag. Die Kunst bestand im wesentlichen darin, über dem Gaskocher Wasser heißzumachen und es dann mit Geschick über verschiedene Trockenkonserven zu gießen: Hackfleisch, Hühnchen mit Nudeln, Krautwickel, Ravioli, Hackfleisch, Hühnchen mit Nudeln, Krautwickel, Ravioli und so weiter. Schmackhaft wurden uns die Gerichte hauptsächlich durch unseren geradezu wölfischen Hunger.

Zwei der Wölfe stehen unentschlossen da, während der Rest des Rudels zur Jagd aufbricht.

ÜBERLEBEN DES TÜCHTIGSTEN

Die Wölfe erhoben sich von ihrem Mittagsschlaf und machten sich wieder auf den Weg. Wir brauchten nun fürs erste keine Angst mehr zu haben, sie zu verlieren, es sei denn, sie hätten beschlossen, in ganz extrem zerklüftete oder sumpfige Gegenden zu wandern. Ich kannte allerdings kein derart schwieriges Gelände in der Umgebung und war also recht zuversichtlich. Bei meinen früheren Jagdbeobachtungen vom Flugzeug aus hatte ich gelernt, daß es am besten ist, wenn man versucht, sich immer seitlich vor dem Rudel aufzuhalten. Der Abstand muß groß genug sein, um die Wölfe nicht zu beunruhigen oder abzulenken. Dieses Verfahren hat den Vorteil, daß man Beutetiere entdeckt, bevor das Rudel sie bemerkt. Man kann so das Verhalten beider Gruppen vor der eigentlichen Jagd beobachten.

Das Gelände, das vor uns lag, eignete sich sehr gut für diese Methode: eine sanft gewellte Hügellandschaft mit U-förmigen Gletschermulden, einigen flachen Seen und grün bewachsenen Flächen. Manche landschaftliche Szene in den höheren Lagen hier hätte recht gut in den Wilden Westen längst vergangener Tage passen können: bizarre, verwitterte Felsen, vereinzelt mächtige Blöcke aus Sandstein, umgeben von Sand.

Wenn die Wölfe an solch felsigen Orten vorbeikamen, pflegten sie voller Eifer jede Ecke, jeden Vorsprung zu beschnüffeln und dann zu »markieren«, indem sie das Bein hoben oder ihren Kot ablegten. Ich fand an solchen Stellen immer auch alte Kotspuren, was mir bewies, daß diese oder vielleicht auch fremde Wölfe sich früher schon öfters dort aufgehalten hatten.

Das Setzen von Duftmarken ist ein sehr interessantes Verhalten. Ich habe es jahrelang sowohl an gefangenen als auch an wildlebenden Wölfen genau beobachtet und zu erklären versucht, jedoch habe ich keineswegs alle Fragen, die sich in diesem Zusammenhang stellen, restlos beantworten können.

Das Rudel war offenbar damals der Meinung, daß es angebracht sei, jene felsige Stelle gründlich zu markieren, was immer der Grund dafür war. Dann setzten sie ihren Weg das Tal hinauf fort. Wir begleiteten sie, wobei wir immer bestrebt waren, den Weg, den sie nahmen, im voraus zu erraten und einen gewissen Vorsprung vor dem Rudel beizubehalten. Nach einigen Kilometern schien sich eine vielversprechende Situation abzubahnen: Ein großer Moschusochse, wohl ein Bulle, graste da ganz allein an einem Hang, als die Wölfe sich näherten. Wir fanden einen geeigneten Platz, an dem wir unsere Kameras aufbauen konnten, und bereiteten uns auf die Begegnung vor.

Es dauerte eine oder zwei Minuten, bis die Wölfe den riesigen, zottigen Ochsen entdeckten und auf ihn zusteuerten. Das Tier verhielt sich ähnlich wie viele der Elche, die ich in ähnlichen Situationen beobachtet hatte: Es stellte sich ohne Zögern zum Kampf. Die Wölfe umkreisten vorsichtig den Bullen, der ihnen trotzig die Stirn bot. Sehr schnell gaben sie das Unternehmen auf und ließen den Moschusochsen in Frieden.

Wenn ich nicht schon so oft ähnliche Szenen mit anderen Beutetieren beobachtet hätte, so hätte ich vermutlich geschlossen, die Wölfe wären nicht hungrig genug und hätten deshalb kein ernsthaftes Interesse an dem Ochsen. Oft genug haben Verhaltensforscher scheinbar leichtherzig aufgegebene Attacken in dieser Weise mißdeutet. Diese Wölfe aber waren ganz sicher hungrig, und sie hatten erst kurze Zeit zuvor bei ihren Angriffen auf die drei Rinder bewiesen, daß es ihnen sehr wohl ernst war. Auch früher schon hatte ich öfters erlebt, daß Wölfe ein Beutetier jagen und töten, obwohl sie

Alpha »markiert« – unterstreicht er damit sein Recht auf den Hasen, den er erbeutet hat?

nur kurze Zeit vorher scheinbar uninteressiert einen anderen Angriff abgebrochen hatten. Aus all dem scheint mir als einzig vernünftige Folgerung hervorzugehen, daß die Wölfe oft bereits aus den allerersten Anfängen eines leichten Geplänkels schließen können, daß sie es mit einem Gegner zu tun haben, den sie nicht besiegen können. Eine derartige Sicherheit in der Entscheidung scheint mir keine so unglaubliche Leistung zu sein – schließlich ist der Wolf ein Tier, das von der Jagd lebt und das nur dann überleben kann, wenn es sein Handwerk versteht.

Das Rudel also zog weiter. Der Weg führte durch ein niedriges Tal auf eine Paßhöhe zu. Wir waren wieder ein Stück voraus, und das war unser Glück. Wir kamen erst über den Paß, dann hinunter in eine tiefer gelegene Gegend. Rechts vor uns lag eine sanft ansteigende Höhe, die auf eine Hügelkette zulief. Links in der Ferne blinkte das Eis eines Fjords, dahinter, am anderen Ufer, ragte eine Gebirgskette mit einem mächtigen Gletscher auf. Das Gelände zum diesseitigen Ufer des Fjords hin war flacher. Vor uns lag ein seichter See, ein breiter Felsausläufer schob sich ins wunderschöne Grün der feuchten Wiesen am Ende des Sees – es gab eine, nach den Maßstäben der Gegend, geradezu üppige Flora.

Und in diesen Wiesen stand, friedlich grasend, eine Herde von fünfzehn Moschusochsen, darunter auch Kälber. Damals, als ich die Wölfe bei ihrer erfolgreichen Jagd beobachtet hatte, war die Konstellation ähnlich gewesen, und ich wußte auch aus meiner früheren Arbeit, daß Wölfe im Sommer sehr häufig und mit Vorliebe Jungtiere angreifen. Im Rahmen unserer Forschungsarbeiten im Nordwesten Minnesotas hatten wir einmal mehr als dreihundert ausgewachsenen Hirschen Peilsender umgehängt und hatten so das weitere Schicksal aller dieser Tiere verfolgen können. Nur ein einziger davon war von Wölfen getötet worden, und der war so ungeschickt gewesen, auf dem Ruheplatz der Wölfe beim Bau herumzuwandern. Bei den Elchen, die auf der Isle Royale während des Sommers von Wölfen erlegt wurden, handelte es sich fast immer um Jungtiere.

Das Rudel war nun etwa dreißig Kilometer von der Höhle entfernt. Es hatte an diesem Tag bereits fünfundvierzig Kilometer zurückgelegt und mehrere Moschusochsen angegriffen. Mom war zu Hause bei den Jungen und schlief, vielleicht machte sie sich auch gerade Gedanken darüber, ob wohl die anderen Wölfe etwas zu fressen mitbrächten. Dieses Rudel hatte die beste Motivation, die Tiere haben können: Es mußte für seine Jungen sorgen, für jene fünf flaumigen Knirpse, die im Schatten des Felsblocks vor der Höhle spielten und geduldig warteten.

Wenn es auch wahr ist, daß ein Wissenschaftler in einer solchen Situationen nicht sentimental werden darf, so bedeutet dies doch nicht, daß er überhaupt keine Gefühle dabei hätte: Ich spürte richtig, wie das Adrenalin in meine Adern schoß.

»Du wirst sehen, jetzt klappt es«, flüsterte Jim aufgeregt zu mir hinüber, während er sein Stativ aufbaute.

»Es sind mindestens drei Kälber dabei«, sagte ich.

Jetzt hatten auch die Wölfe den Punkt erreicht, von dem aus die Herde zu sehen war. Der Photograph begann die Moschusochsen zu filmen. Es war ein idyllischer Anblick: Friedlich weidende Rinder verstreut über sattes Grün, arglos bestrebt, Fett zu sammeln für einen langen, harten Winter. Zwei Kälber rannten spielerisch mit gesenkten Köpfen gegeneinander an und übten so für ein ernstes Ritual, das sie eines Tages als mächtige Bullen im Kampf um Kühe und damit um das Recht der Fortpflanzung noch oft wiederholen würden – wenn, ja, wenn sie dies Alter erreichten.

Falls es den Wölfen heute nicht gelänge, ein Opfer zu schlagen, so würden wir doch wenigstens Gelegenheit bekommen, Bilder von der Verteidigungsformation der Moschusochsen zu machen. Ich bin nicht sicher, wer mehr gespannt war: wir oder die Wölfe. Sobald die Tiere die dunklen Leiber unten im Tal bemerkten, erstarrten sie. Offenbar sehen Moschusochsen nicht besonders gut, denn sie hatten bis dahin weder uns beide noch die fünf Wölfe bemerkt, obwohl wir ohne jede Deckung kaum hundertfünfzig Meter weit von der Herde entfernt standen.

Die Wölfe schienen zu »wissen« – wenn man solche Ausdrücke auf Tiere anwenden kann –, daß die Ochsen sie nur schwer entdecken konnten, wenn sie sich langsam bewegten. Sie duckten sich nicht, sondern blieben aufrecht, sie schienen aber jeden kleinen Schritt genau zu überlegen und bewegten sich gemächlich im Zeitlupentempo vorwärts. Diese Taktik mochte im Dickicht oder in hohem Gras ja durchaus sinnvoll sein, aber hier in offenem Gelände, wo es keinerlei Deckung gab, schien sie mir ganz unangebracht. Die Wölfe aber kümmerten sich wenig um meine besserwisserischen Gedanken und schlichen weiter, Zentimeter um Zentimeter, etwa zwei Minuten lang.

Plötzlich schossen die beiden Alpha-Tiere vorwärts – die Jagd war eröffnet. Die Moschusochsen begannen sich schwerfällig zu sammeln, während die Wölfe sie attackierten. Das Rudel umkreiste die Herde, bekam aber keines der Kälber zu fassen. Die Rinder schienen völlig kopflos vor Schrecken. Ich habe mich später gefragt, ob das wohl damit zusammenhing, daß sie hier in einer Niederung eingekesselt waren. Ich hatte bei früheren Kämpfen den Eindruck gehabt, daß die Moschusochsen in bedrängter Lage immer etwas erhöhtes Terrain zu gewinnen versuchen. Aus welchem Grund auch immer – die Rinder fingen plötzlich zu laufen an, sie flohen den Hügel hinauf, und zwar in einer Phase des Geschehens, da die Wölfe bereits den Mut zu verlieren schienen und drauf und dran waren, den Angriff aufzugeben. Das Rudel schoß sofort hinterdrein und holte die flüchtende Herde an einem steilen und unebenen Stück des Weges ein. Und sie griffen sofort an – es war ein extrem günstiger Moment: Die Rinder liefen blind vor Panik weiter, in breiter Front versprengt hasteten sie stolpernd den Hang hinauf.

Die Wölfe hetzten sie vorwärts in wilder Jagd. Es war schwer für uns, den Überblick zu behalten. Jetzt sah ich einen der Wölfe durchbrechen, er stürzte sich auf ein fliehendes Kalb und packte es. Das Tier fiel hinter die anderen zurück – einen Augenblick lang schien die Mutter zu zögern. Die

Eine typische Begrüßungsszene. Alpha führt sein Rudel Mom entgegen, die eben zur Höhle zurückkommt.

Herde jedoch lief weiter. Das Gelände wurde nun flacher. Die Wölfe flitzten immer noch wieder und wieder hinein ins Gewühl und heraus, ihre Attakken nahmen kein Ende. Die Mutterkuh war hin und her gerissen von widerstrebenden Gefühlen: Sie wollte ihr Kalb retten und hatte doch Angst, die Sicherheit der Herde zu verlieren. Sie entschied sich für die Herde.

Das Kalb war nun ohne Hilfe dem Leitwolf ausgeliefert. Das Paar entfernte sich wild kämpfend von uns über einen Kamm und verschwand für eine Weile fast ganz aus unserem Blickfeld. Weiter oben entspann sich nun ein neues Drama. Die Wölfe hatten ein zweites Kalb gepackt und zerrten es von der Herde weg. Die Rinder hatten eine höhere Stellung auf ebenem Grund erreicht und formierten sich. Eine Kuh wagte sich aus der Herde hervor, und attackierte die Wölfe, die das Kalb gepackt hielten. Diese ließen für einen Moment ihr Opfer los, das sofort zur Herde hinstrebte. Die Wölfe packten es wieder, und noch einmal konnte die Kuh sie vertreiben. Die beiden Rinder hatten die schützende Herde erreicht, das Kalb versuchte eben, sich zwischen den Leibern der erwachsenen Rinder hindurchzudrängen, da griff das Rudel noch einmal an. Die Kuh kam dazu, die Wölfe ergriffen die Flucht – das Risiko war ihnen zu groß.

Es ist mir immer noch kaum glaublich, daß keiner von ihnen verletzt wurde. Das ist aber nicht immer so: Ich habe sowohl 1986 als auch 1987 immer wieder einzelne Tiere eine Zeitlang hinken sehen, manchmal hatten sie auch offene Wunden, die wohl von den scharfen geschwungenen Hörnern der Moschusochsen stammten. Jim hatte einmal in der Nähe der Höhle einen Wolfsschädel gefunden, in dessen Unterkieferknochen auf der Innenseite ein Stück von einem Horn steckte, das fest eingewachsen war. Offenbar hatte ein Moschusochse diesen Wolf auf die Hörner genommen, und dabei war die Spitze eines Horns abgebrochen. Die Wunde schien aber zugeheilt zu sein.

Es sind auch Fälle bekannt, wo Wölfe von Moschusochsen getötet wurden. Als man die Knochen eines dieser Tiere untersuchte, stellte sich heraus, daß der Wolf früher einmal einen schweren Schlag gegen den Kopf überlebt haben mußte – ein Kieferknochen war an zwei Stellen ge-

Alpha begrüßt Mom; Shaggy und Scruffy in Demutshaltung.

brochen –, außerdem war aus vier gebrochenen Rippen, die sich in verschiedenen Stadien der Heilung befanden, zu ersehen, daß dieses arme Tier auch noch bei späteren Gelegenheiten einiges abbekommen hatte.

In dem Gebiet in Minnesota, wo ich normalerweise arbeite, sind mir vergleichbare Fälle begegnet. Ein männliches Alpha-Tier, dem ich einen Peilsender umgehängt hatte, war, so schien es mir bei der Untersuchung, durch einen Tritt auf den Kopf umgekommen. Der Schädel war eingedrückt, ich glaubte die Umrisse eines Hirschhufs zu erkennen, und ich fand außerdem noch drei bereits verheilte Rippenbrüche. Bei einem anderen Wolf aus diesem Gebiet stellte ich fest, daß er früher einmal von den Spitzen eines Hirschgeweihs durchbohrt worden war. Und in einem Sommer konnte ich mit Hilfe von Peilsendern die Überreste zweier Wölfe aufspüren, die in Kämpfen mit Elchen zu Tode gekommen waren.

Es ist klar, daß die Wölfe jede Chance wahrnehmen, wenn sie mit Großwild und dessen Jungen in Berührung kommen. Aber hier hatten sie die Sache ganz außerordentlich klug angepackt, als sie sich das Kalb aus der flüchtenden Menge herausholten. Sobald sich die Herde auf einem höhergelegenen Platz neu formiert hatte, stellte das Rudel seine Angriffe ein. Jetzt plötzlich schien Mid-Back wieder einzufallen, daß Alpha ein Kalb gegriffen hatte, das sich immer noch tapfer wehrte. Sie stürzte sich sofort in den Kampf und biß sich am Kopf des Opfers fest.

Das Kalb bockte, schlug aus und brüllte. Das lockte auch die übrigen Wölfe herbei. Alle gingen sofort auf den Kopf des Kalbs los und bissen sich dort fest. Einmal gelang es dem Kalb, mit gewaltigen Bocksprüngen sämtliche Angreifer abzuschütteln. Aber bevor es fliehen konnte, erwischte es einer der Wölfe am Hinterbein und hielt es fest, und so konnten sich die übrigen wieder am Kopf festbeißen.

Es ist nicht ganz klar, weshalb Wölfe immer zuerst den Kopf des Opfers zu packen versuchen. Mir fiel das auch schon bei meiner Arbeit auf der Isle Royale auf; sie schnappten immer nach dem Maul der Elche. Normalerweise hielt einer aus dem Rudel das Opfer an den Nüstern fest, während die übrigen in den Rumpf des Tieres bissen.

Shaggy und Scruffy erweisen Alpha in Demutshaltung ihre Reverenz.

Der Wolf, der am Kopf des Elchs zog und zerrte, machte seinen Körper möglichst lang, um nicht von den vernichtenden Schlägen der Vorderhufe getroffen zu werden. Das eigentliche Töten der Beute besorgten die anderen Wölfe. Einmal beobachtete ich im Verlauf eines solchen Kampfes einen Elch, der den Kopf emporriß und den Wolf, der an seinen Nüstern über dem Boden hing, hin und her schwenkte, um ihn abzuschütteln.

Bei den wenigen erfolgreichen Angriffen auf einen Moschusochsen, die ich beobachten konnte, packte der erste Wolf das Maul des Tiers, der zweite biß sich in der Gegend des Ohrs fest. An diesen Teilen des Körpers können sich die Wölfe besser festhalten als an anderen Stellen, die von dichtem, zottigem Fell bedeckt sind. Andererseits aber scheint es doch wieder so zu sein, als wäre ein Rind durch einen Biß in die Nüstern oder sonst in den Kopf nicht leicht zu töten. Es dauert auch erfahrungsgemäß etliche Minuten, bis ein Beutetier stirbt.

Vielleicht sind hier auch noch andere Faktoren zu berücksichtigen. Bullen werden normalerweise an einem Nasenring geführt, und, so hat man mir jedenfalls versichert, auch Pferde lassen sich auf ähnliche Weise lenken. Ein Kollege, Spezialist für Karibus, hat mir einmal vorgeführt, wie er ein zahmes Karibu dirigierte: Er legte dabei seine Finger in die Nüstern des Tiers. Man hat bei Laborversuchen herausgefunden, daß im Kreislauf von Ratten relativ große Mengen eines bestimmten Hormons ausgeschüttet werden, sobald man die Tiere an der Schnauze packt. Dieses Hormon scheint ähnlich wie Morphium eine beruhigende und schmerzstillende Wirkungen zu haben. Es würde damit im Fall eines Angriffs dem Opfer Leiden ersparen und dem Raubtier die Arbeit erleichtern.

Wenn diese Forschungsergebnisse auch auf Moschusochsen anzuwenden wären, so könnte man vermuten, daß unser Kalb bereits eine gehörige Dosis dieses Hormons ausgeschüttet hatte: Schmerzen schienen es nicht im geringsten zu schwächen. Ich war heilfroh darüber, daß ich durch langjährige Erfahrung mit Raubtieren einigermaßen abgehärtet war. Das Kalb war kräftig und zäh und wehrte sich lange unter verzweifeltem Brüllen gegen seine Peiniger. Aber so geht es nun

Alpha beißt Scruffy in die Schnauze; er nimmt die Huldigung an und beendet die Zeremonie.

einmal zu in der Natur. Überall auf der Welt ereignen sich dauernd ähnliche Szenen. Raubtiere können nun einmal nur überleben, indem sie andere Lebewesen töten. Ich empfand es als große Auszeichnung, daß die Wölfe mir erlaubten, sie bei ihrem blutigen Geschäft zu beobachten.

Ich könnte nicht genau sagen, wann das Kalb tot war, obwohl der Kampf in nur fünfundzwanzig Meter Entfernung stattfand. Die Wölfe zerrten immer heftiger am Kopf, etwa fünf Minuten noch wehrte sich das Kalb. Dann fiel es. Aber die Wölfe hörten nicht auf zu zerren. Ich weiß nicht, ob das Tier bereits tot war – ich sah nur, wie die Wölfe anfingen, büschelweise Haare auszureißen. Dann rissen sie den Bauch ihres Opfers auf und zogen Därme und Innereien heraus.

Das Rudel drängte sich eng um das Kalb, jedes der Tiere versuchte einen möglichst guten Anteil von diesem Schatz für sich zu erhaschen. Wie lang mochte es her sein, daß sie zum letztenmal etwas Anständiges zwischen die Zähne bekommen hatten? Vielleicht viele Stunden, vielleicht auch Tage. Wölfe können wochenlang ohne Nahrung überleben. Man hat bei Laborversuchen Hunde bis zu 116 Tage lang hungern lassen, und diese Tiere haben es ohne größeren Schaden an ihrer Gesundheit überstanden.

Die Wölfe halten extreme Entbehrungen aus, aber wenn es dann einmal etwas zu fressen gibt, so verstehen sie ebenso extrem zu prassen. Sie müssen lange Hungerperioden überleben können, weil es so schwierig ist, Beute zu finden und Beute zu reißen. Der allergrößte Teil ihres harten Lebens verläuft nach einem ganz einfachen Muster: laufen, suchen, jagen, schlafen, laufen, laufen, schlafen, suchen, jagen, laufen, töten, fressen, laufen, schlafen, suchen, jagen usf. Sie sind fast immer hungrig. Sie sind aber auch in erstaunlichem Maß fähig, Hunger auszuhalten, denn nur so können sie überleben: Sie müssen lange bei Kräften bleiben, damit sie ihre Beute, wenn sie endlich welche finden, jagen und töten können.

Jetzt war es Zeit zum Prassen. Ein Wolf kann bei einer einzigen Mahlzeit zehn Kilogramm Fleisch verschlingen – ungefähr so viel wird jeder meiner Wölfe wohl auch wirklich bekommen haben. Jedes der Tiere zerrte an einem Ende des Kalbs. Zuerst rissen sie die Bauchhöhle auf und

Nachdem der Austausch von Höflichkeiten beendet ist, macht das Rudel sich auf den Heimweg.

weideten ihr Opfer aus. Die Wölfe steckten ihre Schnauzen tief hinein, um an die verschiedenen Leckereien zu gelangen. Köpfe und Hälse waren blutverschmiert. Erst viel später, als ich mir die Filme von diesen Szenen noch einmal ansah, erkannte ich plötzlich, was es mit den geheimnisvollen »Gesichtsmasken« der Wölfe auf sich hatte.

Ich sah in dem Film, daß die Tiere vor dem Fressen keine oder nur kaum wahrnehmbare Masken trugen. Nachher waren die Schnauzen schwarz verschmiert, und diese schwarzen Flecken unterschieden sich ganz deutlich von den helleren Blutspuren auf Kopf und Hals. Mit einiger Sicherheit stammt der schwarze Farbstoff aus dem Verdauungsapparat der Moschusochsen, aus dem Magen oder dem Darm, vielleicht sind es Verdauungssäfte oder irgendwelche Stoffe, die aus den Nahrungspflanzen selbst entstehen. Diese Entdekkung befriedigte nicht nur meine Neugierde, sondern kann durchaus auch von praktischem Nutzen sein: Sie ermöglicht es mir in Zukunft, bei systematischer Beobachtung den Wölfen bereits »an der Nase anzusehen«, ob sie einen Moschusochsen erlegt haben.

Nach einer Stunde gemeinsamen Schlingens, unterbrochen von kurzen Ausflügen zu einer nahen Wasserstelle, wo die Tiere tranken und das Blut von sich abwuschen, fraß nur mehr ein Teil des Rudels weiter, und zwar vor allem die ranghöchsten Wölfe. Manchmal gelang es einem Wolf, ein großes Stück auf einmal herauszureißen, das er dann verstohlen forttrug, um es zu verstecken. Die Tiere gingen etwas abseits, wo der Rest des Rudels sie nicht sehen konnte, und scharrten eine Mulde in den Boden. Dann legten sie das Fleisch hinein und schoben mit der Schnauze Erde darüber.

Wenn die Wölfe sich sattgefressen und über ihre eigenen Bedürfnisse hinaus auch noch einen Überschuß an Nahrung verschlungen haben, den sie bei der Höhle später den Jungen vorwürgen, so versucht jedes Tier, noch zusätzlich möglichst viel von der Beute als Vorrat für schlechtere Zeiten auf die Seite zu bringen und zu verstecken. Solche Vorräte dienen nicht allein der Ernährung der erwachsenen Wölfe, sondern können auch zu einer halbwegs kontinuierlichen Versorgung der Welpen und somit zur Erhaltung der Art beitragen.

Ich vermute, daß die ranghöchsten Tiere am

Alpha würgt demonstrativ vor einem Welpen, ohne Nahrung zu spenden. Vielleicht eine symbolische Geste.

meisten Vorräte anlegen. Ich schließe das aus der Tatsache, daß diese Individuen den größten Teil der Beute für sich beanspruchten – zumindest war das im Fall dieses Kalbs zu beobachten. Nach einer ersten Freßphase, in deren Verlauf jedes Mitglied des Rudels ungehindert schlingen konnte, bemächtigten sich die beiden ranghöchsten Tiere der Beute. Die übrigen Wölfe drängten sich immer wieder heran, aber es war ganz offensichtlich, daß die beiden die Szene beherrschten. Wenn ein Beutetier groß genug ist, so nimmt jeder Wolf des Rudels ein gewisses Stück davon für sich in Beschlag, das er als seine Interessensphäre betrachtet und von dem er die Nachbarn knurrend und zähnefletschend fernzuhalten sucht, wenn er nicht gerade damit beschäftigt ist, große Fleischfetzen abzureißen, um sie abseits ungestört zu verzehren.

Dieses Kalb jedoch war so klein, daß Alpha zusammen mit der ranghöchsten Wölfin es ganz für sich beanspruchen und diesen Anspruch auch durchsetzen konnte. Als sich die übrigen Mitglieder des Rudels nun herandrängten, beobachtete ich etwas, das wohl noch nie jemand gesehen hat, schon gar nicht bei Wölfen, die gerade ihre Beute zerreißen: Die rangniedrigen Tiere vollführten ein ganz sonderbares Unterwerfungsritual, das Elemente von Huldigung, Bettelei und Flehen um Gnade enthielt.

»Jim, das mußt du filmen!« rief ich halblaut meinem Begleiter zu, der sofort zu drehen begann und den kostbaren Moment festhielt.

Die rangniedrigen Tiere hatten sich bis auf etwa zwei Meter dem Leitwolf genähert, der über das Kalb gebeugt fraß. Er schien auf die anderen Wölfe eine magische Anziehungskraft auszuüben. Sie duckten sich tief, die Ohren flach angelegt, die Lefzen zurückgezogen, und bewegten sich mit weit vorgestreckter Schnauze langsam vorwärts – es sah so aus, als würden sie von einem fremden Willen unwiderstehlich angezogen. Alpha hörte auf zu fressen, um die Huldigung seiner Untergebenen entgegenzunehmen. Er schien nicht eben begeistert, es war eher so, als gehorche er einer Pflicht.

»Schau dir das an«, murmelte ich.

Der erste der Wölfe, ein Rüde, war jetzt nur noch Zentimeter von Alpha entfernt, sein Körper war extrem gespannt und nah an den Boden ge-

In ähnlicher Weise würgt Alpha auch vor einem der erwachsenen Tiere.

drückt. Das Tier streckte die Schnauze hoch hinaus und bewegte sie unruhig hin und her. Dann hob der rangniedrige Wolf eine Vorderpfote und versuchte sie Alpha um die Schulter zu legen.

Alpha, alleiniger Herr und Gebieter über zweieinhalbtausend Quadratkilometer Land, schnappte halbherzig zu, und sein Untertan fiel auf den Boden. Es war kaum zu glauben: Die rangniedrigen Wölfe benahmen sich wie kleine Welpen, obwohl keiner von ihnen jünger als drei Jahre war und alle vor ganz kurzer Zeit erst als gleichberechtigte Jagdgenossen zusammen einen Moschusochsen zur Strecke gebracht hatten. Und jetzt lagen sie demütig schweifwedelnd vor ihrem Anführer im Staub.

Ich verstehe es auch heute noch nicht ganz. Was hatte sie so gebieterisch zu Alpha hingezogen? War es eine widersprüchliche Mischung aus Freßgier und Angst, das stärkere Tier zu brüskieren? Oder gab es ganz andere Gründe für diesen Akt demonstrativer Unterwerfung? Ein ähnliches Ritual, freilich mit sehr viel weniger Spannung geladen, kann man oft nach dem Aufwachen und vor dem Aufbruch zur Jagd beobachten. Es muß ein ganz außerordentlich starker Impuls gewesen sein, der die Tiere so handeln ließ, das war nicht zu übersehen.

Die Wölfe wiederholten dieses Unterwerfungsspiel noch mehrere Male, und immer endete es damit, daß Alpha die Tiere wenigstens andeutungsweise mit der Schnauze an die Erde drückte, also genau das tat, was die erwachsenen Wölfe oft mit den Jungen tun. Aus dem uninteressierten Benehmen Alphas schien ziemlich klar ersichtlich, daß die Geste ein Bedürfnis der rangniedrigen Tiere befriedigte und nicht etwa eines des Leitwolfs. Bemerkenswert ist auch, daß die Alpha-Wölfin nicht an der Zeremonie teilnahm. Sie benützte vielmehr die Gelegenheit, ohne die lästige Konkurrenz des Leitwolfs in Ruhe weiterzufressen.

Etwas Ähnliches konnte ich in einem anderen Fall beobachten. Im Verlauf einer Versuchsreihe gab ich Alpha öfters einen toten Hasen. Das erste Mal war das Alpha-Weibchen nicht in der Nähe, sondern nur zwei männliche Wölfe, die versuchten, Alpha etwas von seiner Beute abzubetteln. Er aber fraß ungerührt das ganze Stück vor ihren Augen, ohne den beiden Bettlern etwas übrigzulassen. Beim nächsten Mal, als er seinen Hasen bekam, war das Alpha-Weibchen in der Nähe. Es kam sofort zu Alpha gelaufen und riß sich mehrere Stücke von dem Beutetier ab. Es kostete sie zwar durchaus einige Anstrengung, diese Bissen wegzuzerren, aber sie hatte es jedenfalls nicht nötig, vor dem Leitwolf demütig zu kriechen.

Die beiden Alpha-Tiere fraßen dann weiter an dem Kalb, während die übrigen Wölfe wartend dabeistanden. Ich kroch vorsichtig bis auf etwa acht Meter zu der Runde hin, um den Vorgang genau zu beobachten. Ich hätte vermutlich noch etwas näher hingehen können, wenn auch ich bereit gewesen wäre, dem Leitwolf kriechend meine Reverenz zu erweisen. Da ich aber in dieser edlen Kunst nicht sehr viel Übung habe, hielt ich es doch für sicherer, meinen alten Knochen eine solche Prüfung zu ersparen.

Ungefähr drei Stunden nach dem erfolgreichen Ende der Jagd verließen zwei der fünf Wölfe die Szene und machten sich auf den Weg zur Höhle. Es war jetzt 18.30 Uhr, und wir hatten alles, was wir haben wollten, filmen können. Wir beschlossen deswegen, ebenfalls aufzubrechen und bei der Höhle die Heimkehr der Wölfe abzuwarten. Vielleicht konnten wir dann noch einige interessante Aufnahmen von der Fütterung der Welpen machen.

Wir fuhren auf dem kürzesten Weg zurück, mußten aber noch einen Zwischenstop bei einem unserer Treibstofflager einlegen, um aufzutanken. Nach drei Stunden, um 22 Uhr, kamen wir bei der Höhle an, und schon eine dreiviertel Stunde später waren auch die Wölfe da. Es gab die üblichen Begrüßungsszenen, dann wurden die Jungen gefüttert. Das Rudel war sechzehn Stunden auf den Beinen gewesen. Die Tiere legten sich nun hin und schliefen. Und genau das taten wir Menschen auch.

Der unerfahrene Scruffy versucht die Bauchhöhle eines ausgewachsenen Moschusochsen zu öffnen.

Ein Büschel Haare ist alles, was er zwischen die Zähne bekommt.

Alpha ist da schon geschickter als Scruffy.

Mid-Back schleicht lauernd um Alpha herum. Sie möchte ihren Anteil an der Beute haben.

DEN WOLF VERSTEHEN

Als ich in meinem Zelt lag und über die Ereignisse dieses Tages nachdachte, wurde mir wieder einmal mit Dankbarkeit bewußt, wie erstaunlich es doch war, daß diese Wölfe mich in ihrer Nähe duldeten und es mir mit ihrem Vertrauen ermöglichten, so vieles von ihnen und über sie zu lernen. Und auch meine alten Ängste und Zweifel wurden nun wieder lebendig. Konnte ich es verantworten, was ich getan hatte? Den Zeitschriftenartikel, die Fernsehdokumentation und dann das Buch?

Ich bin auch heute noch nicht ganz sicher, ob das alles gut war. Ich weiß aber, daß ich keine Wahl hatte. Nachdem ich das Rudel und die Höhle gefunden hatte und die Wölfe mich und meine Arbeit akzeptierten, war ich es meinen Auftraggebern schuldig, den versprochenen Artikel auch wirklich abzuliefern. Nachdem aber die Geschichte einmal veröffentlicht war, wurde der Film für das Fernsehen unvermeidlich und ebenso dieses Buch. Für mich persönlich hatte sich hier ein lebenslanger Traum in einer Weise erfüllt, wie ich es nie zu hoffen gewagt hatte. Es wäre wohl für jeden Menschen schwer, ein derartiges Glückserlebnis geheimzuhalten, und in meinem Fall war es fast unmöglich, da meine Wölfe, in deren Nähe ich leben durfte, nicht nur höchst faszinierende, ja geradezu charismatische Wesen für mich waren, sondern auch überaus photogen.

Gerade die Veröffentlichung der Bilder aber kann, so glaube ich zuversichtlich, eine segensreiche Wirkung bei vielen Menschen haben, die viele negative Folgen zu großer Publizität letztlich überwiegt. Die Zahl der Menschen auf der Welt, die den Wolf mit Abscheu betrachten, ist immer noch viel zu groß. Es gibt wohlmeinende Leute, die zahme Wölfe halten und sie Schulklassen und politisch Verantwortlichen vorführen, um eingewurzelte Vorurteile gegen dieses Raubtier abbauen zu helfen. Aber diese Tiere sind keine wirklichen Wölfe. Sie sind wie Schoßtiere in der Umgebung von Menschen aufgewachsen und haben wenig mit ihren wild lebenden Artgenossen gemeinsam. Wenn man den Wolf wirklich verstehen will, muß man ihn in der Natur beobachten.

Mom und Alpha, Scruffy, Lone Ranger, Mid-Back, Left Shoulder und Shaggy wissen nichts von all solchen Sorgen. Sie führen weiter ihr Leben im Norden, jagen Hasen und Moschusochsen, kümmern sich um ihre Welpen oder liegen faul auf den Buckeln der Tundra und schlafen – genauso wie all ihre Vorfahren, die vor Hunderten, vielleicht Tausenden von Jahren schon im Schatten des Findlingsfelsens ihre Welpen heranwachsen sahen.

Wir Menschen beurteilen heute diese Tiere allzuoft nach unseren eigenen Kriterien: Sie töten – also sind sie böse. Sie reißen alte, schwache und kranke Tiere – also sind sie nützlich. Sie sind monogam und lebenslang einem Partner treu – das finden wir achtenswert. Sie töten einen Artgenossen und fressen ihn auf – das finden wir abscheulich.

In der Welt meiner Wölfe haben solche menschlichen Vorstellungen und Urteile wenig zu bedeuten. Man lernt dort die Tiere anders zu sehen und gewinnt dann ein völlig neues Bild von ihnen. Da ich das einzigartige Privileg genossen habe, das Leben eines Rudels aus nächster Nähe zu beobachten, glaube ich in aller Bescheidenheit, daß ich vielleicht anderen Menschen helfen kann, ein Bild vom Wolf zu gewinnen, wie er wirklich ist: Er ist ein bewundernswürdiges Tier, das in erstaunlicher Weise fähig ist, in einer extrem rauhen Welt zu überleben, ein Tier, das unsere Achtung und unser Verständnis verdient.

Links: Als ich die Wölfe verlassen mußte, dachte ich darüber nach, welch einzigartiges Privileg ich genossen hatte, als sie mir erlaubten bei ihnen zu leben. Es waren die schönsten Wochen meines Lebens.

VERBÄNDE UND ORGANISATIONEN

International Wolf Center

Das International Wolf Center ist eine Institution in Ely, Minnesota, in einer Region also, in der es noch wilde Wölfe gibt. Das Center ist derzeit im Aufbau. Es soll unter einem Dach eine Vielzahl von Aktivitäten zur Verbreitung von Wissen über den Wolf zusammenfassen. Es handelt sich nicht um ein Museum, eine Schule, einen Zoo oder ein Kongreßzentrum, aber es soll Elemente all dieser Einrichtungen enthalten. Aufgabe des Wolf Center wird es sein, Menschen verschiedenster Art und Interessenlage in je geeigneter Weise Informationen nahezubringen. Es soll nicht Propaganda für oder gegen den Wolf betreiben, es soll vielmehr Bildungsarbeit leisten und Wissen vermitteln.

Ein einzigartiger und wichtiger Teil des Programms ist bereits verwirklicht: Das Wolf Center bietet Interessierten Kurse an, in deren Verlauf man den Wolf in seinem natürlichen Lebensraum kennenlernen kann. Man unternimmt Wanderungen zu Wolfspfaden oder zu verlassenen Höhlen, man belauscht auf nächtlichen Exkursionen das Heulen der Wölfe, verfolgt auf Skiern, Schneeschuhen oder Hundeschlitten die Fährten der jagenden Rudel und studiert die Spuren auf Beuteplätzen; im Winter stehen auch Beobachtungsflüge auf dem Programm. Derartig aktive und erlebnisreiche Formen des Lernens in freier Natur werden später, wenn die Gebäude fertiggestellt sind, durch Ausstellungen, Vorträge, öffentliche Experimente und andere Vorführungen in Bild und Ton ergänzt werden können.

Seinen internationalen Anspruch will das Wolf Center insofern einlösen, als es erstens Ausstellungen aus fremden Ländern zeigen wird, zweitens aber ist auch geplant, in regelmäßigen Abständen ausländische Experten einzuladen, die in Gastvorträgen oder anderen geeigneten Formen über Wölfe ihrer Heimat berichten. Der Wolf war einst das am weitesten verbreitete Landsäugetier überhaupt, und überall in der Welt ist ein starkes Interesse an diesem Tier festzustellen. Die Gegend um Ely herum ist schon seit etlichen Jahren ein bedeutendes Zentrum internationaler Forschung, zahlreiche Experten aus vielen Ländern kommen deswegen immer wieder hierher.

Im einzelnen wird das International Wolf Center folgende Einrichtungen und Lehrangebote umfassen: 1) Eine Dauerausstellung des Naturwissenschaftlichen Museums von Minnesota zum Thema »Wölfe und Menschen« (auf 750 qm Fläche), außerdem wechselnde Ausstellungen. 2) Ein Rudel gefangener Wölfe, dazu die technischen Einrichtungen für Dokumentationszwecke. 3) Ein umfassendes, ganzjähriges Programm für Studien und Exkursionen in freier Wildbahn. 4) Regelmäßige Vorführungen von Filmen und anderen Lehrdokumentationen; außerdem sollte auch Einzelpersonen die Möglichkeit geboten werden, Bild- und Tonmaterial des Instituts zu nutzen. 5) Führungen und Feldexkursionen für Schulklassen aller Altersstufen und für andere Besucher. 6) Eine Spezialbibliothek und eine naturwissenschaftliche Sammlung. Außerdem wird es in unregelmäßigen Abständen auch Workshops zu Themen des Naturschutzes, Symposien, Konzerte und andere Veranstaltungen im Umkreis dieser Institution geben.

Das International Wolf Center ist eng mit dem Vermilion Community College des Staates Minnesota verbunden. Die Trägerschaft haben verschiedene Organisationen von Wolfsbiologen und anderen Freunden des Wolfs sowie mehrere Naturschutzverbände gemeinsam übernommen. Für die Planung und den Aufbau wurde ein Komitee gegründet, in dem Wolfsforscher, Umweltexperten, Pädagogen, Wildbiologen, Naturfreunde und andere umweltbewußte und sachverständige Menschen ehrenamtlich mitarbeiten. Der Autor ist Vizepräsident dieses Ausschusses. Anfragen richten Sie bitte an:

Committee for an International Wolf Center
c/o Vermilion Community College
1900 E. Camp St.
Ely, MN 55 731

Defenders of Wildlife

Die Defenders of Wildlife sind eine gemeinnützige Organisation, die im nationalen Rahmen arbeitet und für die Erhaltung der Wildtiere und ihres natürlichen Lebensraums kämpft. Der Verband widmet sich derzeit mit besonderer Aufmerksamkeit dem Schutz der Wölfe in den Rocky Mountains der USA. Seine Adresse ist:

Defenders of Wildlife
1244 Nineteenth St. N. W.
Washington, D. C. 20036

IUCN-SSC Wolf Specialist Group

Die Wolf Specialist Group ist ein internationaler Verband, in dem sich Wissenschaftler und andere Fachleute, die sich mit dem Wolf befassen, zusammengeschlossen haben. Der Organisation gehören Spezialisten aus Kanada, den USA, Italien, Schweden, Finnland, Norwegen, Spanien, Portugal, Israel, der Sowjetunion, Polen, Mexiko und China an. Der Autor dieses Buchs ist seit 1978 Präsident des Verbandes. Die Wolf Specialist Group kümmert sich vor allem um die Erhaltung des Wolfs, dessen Bestand in verschiedenen Teilen der Welt sehr gefährdet ist, und bildet gemeinsam mit sechsundsiebzig weiteren *Specialist Groups*, die anderen bedrohten Tierarten ihre besondere Aufmerksamkeit widmen, die Species Survival Commission (SSC). Die SSC wiederum ist einer von sechs Verbänden der International Union for the Conservation of Nature and Natural Resources (IUCN).

Die IUCN ist der bedeutendste internationale Dachverband von Naturschutzorganisationen. Zu ihren Mitgliedern zählen Institutionen aus 117 Ländern. Ihr gehören unter anderem 59 Regierungen, 125 staatliche Behörden und 353 nationale sowie 31 internationale Naturschutzverbände an. Außerdem unterstützen etwa 700 Personen und Organisationen aus 65 Ländern die IUCN als fördernde Mitglieder. Die IUCN finanziert sich im Prinzip aus den Mitgliederbeiträgen, viele konkrete Projekte wurden durch Zuschüsse vom World Wildlife Fund ermöglicht. Der Verband sieht seine Aufgabe allerdings nicht in erster Linie in der praktischen Arbeit, sondern vielmehr darin, das Bewußtsein für die Probleme zu schärfen, Strategien zu ihrer Lösung auszuarbeiten und die Mitgliedsländer zur praktischen Umsetzung seiner Ideen zu bewegen.

Canadian Wolf Defenders
Box 3480
Station D
Edmonton
Alberta T5L 4J3

Der erwachsene Wolf scheint keine Lust zu haben, mit dem Welpen zu spielen. Aber jeder Widerstand ist zwecklos – er muß!

LITERATUR-HINWEISE

Lesern, die sich näher mit der Materie befassen wollen, seien die folgenden wissenschaftlich fundierten Werke zur Lektüre empfohlen:

Allen, D. L., The Wolves of Minong: Their Vital Role in a Wild Community, Houghton Mifflin Co., Boston 1979.

Boitani, L., Dalla Parte del Lupo, L'Airone di Giorgio Mondadori e Associati Spa, Milano 1987.

Gray, D. R., The Musk Oxen of Polar Bear Pass, National Museum of Natural Sciences, Fitzhenry and Whitside, Markham, Ontario, 1988.

Harrington, F. H., und P. C. Paquet (Eds.), Wolves of the World, Noyes Publications, Park Ridge, N. J., 1982.

Klinghammer, E. (Ed.), The Behaviour and Ecology of Wolves, Garland STPM Press, N. Y., London 1979.

Mech, L. D., The Wolf: Ecology and Behaviour of an Endangered Species, Doubleday, Garden City, N. Y., 1970.

Murie, A., The Wolves of Mount McKinley, Fauna of the National Parks of the United States, Fauna Series No. 5, U. S. Government Printing Office, 1944.

Peterson, R. O., Wolf Ecology and Prey Relationships on Isle Royale, National Park Service Scientific Monograph Series No. 11, 1977.

Walberg, K. I., Ulven, Grondahl & Sons, Forlag A. S., Oslo 1987.

Zimen, E., Der Wolf, Mythos und Verhalten, Nymphenburger, München 1978

WOLF!

Wenn Sie sich über Aktionen zum Schutz und zur Erhaltung des Wolfs auf dem laufenden halten wollen und an aktuellen Berichten und Informationen über Wölfe interessiert sind, so abonnieren Sie WOLF!, ein vierteljährlich erscheinendes Nachrichtenmagazin, herausgegeben von Janet Lidle. WOLF!, P. O. Box 112, Clifton Heights, PA 19013 ($ 15 pro Jahr für Besteller in den USA, sonst $ 20).

REGISTER

Die kursiv gedruckte Abkürzung »Ph.« vor der Seitenzahl verweist auf Photos.

Wenn ein Welpe zu weit herumstreunt, packt Mom ihn am Kragen und trägt ihn zur Höhle zurück.